孩子不爱上学了，怎么办？

马志国 / 著

上海教育出版社
SHANGHAI EDUCATIONAL
PUBLISHING HOUSE

图书在版编目（CIP）数据

孩子不爱上学了，怎么办？/马志国著. —上海：上海教育出版社，2019.2
ISBN 978-7-5444-8966-9

Ⅰ. ①孩… Ⅱ. ①马… Ⅲ. ①儿童心理学—研究
Ⅳ. ①B844.1

中国版本图书馆CIP数据核字（2019）第033794号

策　　划　源创图书
责任编辑　董　洪
特约编辑　张香凝　王　莹
责任印制　梁燕青
装帧设计　许　扬

Haizi Bu Ai Shangxue Le, Zenme Ban?
孩子不爱上学了，怎么办？
马志国　著

出版发行　上海教育出版社有限公司
官　　网　www.seph.com.cn
地　　址　上海市永福路123号
邮　　编　200031
印　　刷　北京东君印刷有限公司
开　　本　710×1000　1/16　印张　14.75　插页　1
字　　数　190千字
版　　次　2019 年 5 月第 1 版
印　　次　2019 年 5 月第 1 次印刷
印　　数　1—7, 000 本
书　　号　ISBN 978-7-5444-8966-9/G・7428
定　　价　42.00元

目　录
CONTENTS

第三辑 哪些非智力因素影响孩子的学习？

第四辑 为什么孩子跟同学关系不好也会影响学习？

第七辑　为什么孩子的个性出了问题，也会成为学习的障碍？

第八辑　孩子如此反常，是不是得了心理疾病？

写在前面的话

背起书包去上学，本该是让孩子们感到十分高兴的事。然而，对不少孩子而言，走进校园却是那么难。

在本书中您会看到：

8 岁的男孩瑞天，上小学二年级，不久前他突然生病了：总是犯困，总想睡觉，总睁不开眼。让人觉得奇怪的是，瑞天的所谓“总是犯困”，其实是有前提的。他平时待在家里，跟正常孩子一样，就是怕上学，一说去上学，就开始犯困，就睁不开眼了。转眼他已经一个星期没去上学了。瑞天这是怎么回事？

11 岁的女孩安琪，本该上小学五年级，可事实上她已经半年多没去上学了。为什么呢？安琪得了一种奇怪的病：一上学就肚子疼，就呕吐。让人感到奇怪的是，安琪只要待在家里就没事，一去学校就犯病，特别是每到星期一准犯病。后来，安琪犯病更频繁了，更严重了，不得不离开校园，待在家里。安琪为什么会这样？

13 岁的初中男孩方华，一天早晨，父母说：“该起床准备上学了。”方华却愣愣地问：“上学？上学干什么？”父母以为他说梦话：“快起来吧，整理好书包，要不上学该晚了。”方华还是愣愣的：“什么书包？书包是什么？”原来，凡是与学习有关的事，方华都想不起来了。从此，方华就不能上学了。方华为什么会出现这种问题？

17 岁的高中生玉刚是个男孩，却总为乳房而困扰，他总觉得自己的乳房不够丰满，乳头不突出。玉刚反反复复、没完没了地想这个问题，以至于不能正常上学，休学将近一年了。玉刚作为男孩子，为什么会为乳房而困扰，以至于长期离开校园？

…………

从中您是否看到了自己孩子的影子？

这些孩子究竟是怎么了？

一句话，这些孩子有了心理障碍。

在心理咨询临床实践中，我了解到许多类似的故事。每次做家教心理讲座时，都有许多家长朋友提出诸如此类的问题。不难推想的是，一定还有许多孩子有类似的心理障碍。

孩子们在走向校园的路上会遭遇哪些心理障碍？

我们从本书的案例中可以看到，孩子不爱上学的背后，潜伏着各种各样的心理障碍：有的是父母期望心理的障碍，有的是家庭亲情心理的障碍，有的是孩子情商心理的障碍，有的是孩子人际交往心理的障碍，有的是孩子防卫心理的障碍，有的是孩子怀春心理的障碍，有的是孩子人格心理的障碍，有的是孩子病态心理的障碍。这些心理障碍在不同孩子身上又有不同的表现。

不管什么样的心理障碍，只要挡住了孩子上学的路，家长就会心急火燎，吃不好睡不着，千方百计把孩子重新送进学校。于是，一个非常现实而迫切的问题摆在我们面前：这些孩子还能克服心理障碍重新回到校园吗？

在本书中您会看到：

那个 8 岁的男孩瑞天，经过心理疏导，终于不再犯困，可以去上学了。

那个 11 岁的女孩安琪，经过心理疏导，终于上学时不再肚子疼，能正常学习了。

那个 13 岁的初中男孩方华，经过心理疏导，终于恢复了有关学习的记忆，又能背起书包重新走进校门了。

那个17岁的高中男孩玉刚，经过心理疏导，终于告别乳房的困扰，重新开始正常的校园生活，顺利完成了高中学业，成功考入了一所重点大学。

在本书中您会看到，只要得到恰当的心理疏导，孩子们就能克服心理障碍，重新回到校园。当然，说起来容易做起来难。帮孩子克服上学的心理障碍，绝不是一件容易的事情，要经历一个艰难的过程，家长和孩子要共同付出不懈的努力。

那么，怎样才能更好地帮孩子克服心理障碍从而顺利去上学呢？

这正是本书要回答的问题。

这本书中的案例，都来自作者的心理咨询临床实践。案例叙述有以下几个特点：一是有故事，有人物，有情节，具有可读性；二是有诊断，有分析，有答疑，确保科学性；三是有建议，有方法，有对策，讲究实用性。在案例叙述中，我遵照心理咨询的准则，隐去了当事人的姓名、住址等背景资料，对有些内容做了必要的技术性处理。

靠诸多助缘，本书要和读者见面了。感谢吴法源先生热忱邀约。感谢张香凝、王莹编辑愉快合作。感谢我的妻子骆志霞默默支持。

笔者水平有限，书中难免会有错误。如能得到读者的指正，我在这里先致谢了。当然，作为心理咨询师，我也愿意为有需要的朋友提供心理咨询服务。

如果来信，请寄至天津市宝坻区邮政16信箱，邮编：301800，或发邮件，邮箱地址是 tjbdmzg@sina.com；如果来电，请在周六晚8～10点拨通我的公益心理咨询专线022-29228042；如果来访，请别忘了一定要事先预约。

马志国

2019年2月于空心斋

第一辑

为什么父母期望越高，孩子的成绩往往越差？

孩子为什么不爱上学了？走进本辑中的案例，您会从案例中的家长身上看到三个字——高期望。是的，个人发展不太好的家长往往对孩子抱有高期望，个人发展一般的家长也对孩子抱有高期望，个人发展很好的家长对孩子更是抱有高期望。

对孩子抱有高期望没有错。问题是，对孩子抱有片面且盲目的过高期望，就会给孩子带来难以承受的心理重压。

如果从案例中看到了自己的影子，您该怎么办？

1.1

自己没考上大学混得不好，我怎能不特别重视孩子的学习？
—— 让孩子为自己而活

/ 心理困扰 /

在大多数家教心理咨询案例中，积极主动的来访者往往是家长，咨询师最先接触的也往往是家长。但是，在这个咨询案例中，我首先接待的却是孩子。在我几十年的心理咨询实践中，这真是绝无仅有的。

这是为什么？

来咨询的是一个高中男孩，姑姑陪他一起来咨询。刚刚见面，男孩就微笑着帮我搬椅子，端水，给我留下了很不错的印象，我感觉这个孩子非常有礼貌，很懂事。

姑姑回避之后，男孩急不可耐地开始了诉说："我妈跟我矛盾太大了，我们天天打架！主要是我妈打我，骂我，打得非常狠，骂得也非常难听。我妈打我，不是比画比画，是使劲打，有时候把棍子都打折了，有时候甚至动菜刀。起初她打我，我就忍着。后来，她越打越狠，我就开始还手了。这样，我们两个人就经常打在一起。还有，我妈骂我也骂得非常难听，专找那种非常刺激人的狠话骂我，什么'你笨蛋''你懒蛋''你混蛋'等还是好的，更让我难堪的是，她整天说'没出息''不争气''丢人现眼'等字眼。反正，她整天对我没好气，总是看我不顺眼。后来，我也反击了，也说难听的话气她，也整天对她没好气，也看她不顺眼。谁让她那样对我？我究竟怎么啦？！我怎么不好啦？！不就是因为学习吗？！"

我问："因为学习？"

男孩有些激动了："对呀，我们的矛盾就因为俩字 —— 学习。从我上学开始，我妈就整天看着我学习，管着我学习，逼着我学习。我妈脾气特别不好，特别暴躁，一说话就着急。过去我还小，从小学到初中，我全都听她的，她怎么说我就怎么做。但是，我上高中以后，她还那样管我，还那样逼着我学习，一看我名次下滑，就对我连打带骂。我就开始烦了，就开始受不了了，也就开始反抗了。于是，我们母子之间经常爆发战争。特别是有一件事，跟您说实话，我至今还耿耿于怀……"

"那是怎样一件事呢？"

"那是高二的第一学期吧。那天，刚刚考完试不久，我妈听说我名次下滑了就很不高兴，说了很多难听的话。她认为我是因为玩手机耽误了学习，就要求我不再玩手机。那个周末，我在家里学习了一会儿之后，想要问同学一个问题，就找出了手机。我刚拿到手机，偏巧这时我妈从外面进来了。一看我拿着手机，她就发疯似的破口大骂：'你又玩手机，你又玩手机，你还有脸玩手机，你这丢人现眼的东西……'一场暴风骤雨突然降临，我被她骂傻了，愣愣地看着手上的手机，好像自己真的犯了什么错。醒过神来之后，我才想起来和她解释，我不是在玩手机，我这次考试名次下滑也不是因为玩手机。可是，她根本不听我的解释，照样发疯似的大骂。这样我还学什么？真的，我好几天没去上学了，甚至我彻底不想上学了……"

这时候，我理解了男孩主动来访的动机：母子间的战争让他受到了伤害，他要诉苦，他要鸣冤，他要求助。为了给男孩提供更好的帮助，我首先需要弄清楚，他们母子间的战争的背后有着怎样的心理根源。弄清病因，才好对症下药。

于是我问："你的学习成绩怎么样？"

"上初中的时候，我们年级共 400 多个人，我排 100 多名。上高中后，我们年级共有 1000 多人，我在全年级一般排 200 名左右。”

“那你刚才说名次下滑，情况又是怎样的呢？”

“有时候滑到 300 多名，有时候滑到 400 多名。”

“也就是说，即便名次下滑了，你的学习成绩仍在中游，是这样的吗？”

“可是我妈不这样看，她总对我的学习成绩不满意，总希望我的学习成绩能提高、提高再提高。”男孩又有些激动了，“在家里，不提学习啥都好说，只要一提‘学习’这俩字，我妈准会不满意，准会说难听的话打击我，我们也准会打起来。”

“你现在的学习情况怎么样呢？”

“她整天连打带骂，我还学习什么？不是说我没出息吗？不是说我不争气吗？那我还努力什么？我现在名次直线下滑，差不多成了最差的了。您说，我妈为什么这样对我？”

父母总难免为孩子的学习着急上火。然而，这位母亲为了学习对孩子连打带骂，已经到了匪夷所思的地步，这究竟是为什么？

为了进一步探究原因，我请男孩的母亲过来聊一聊。男孩的母亲第二天如约来访了。

男孩的母亲先解释说昨天没能来访，是因为不好请假。这位母亲谈吐得体，态度平和，远没有我想象中那般凶神恶煞，和一般职场女性没有什么两样，给我的印象不错。但是，一谈起孩子的学习，男孩的母亲立刻激动起来，愁苦得脸都有些扭曲了。她滔滔不绝地说了起来。她说孩子从小就不爱学习，从孩子一上学她就为学习打孩子。她也知道自己打孩子下手太狠了，骂孩子的话也很难听。现在她已经打不过孩子了，而且孩子开始拿自己当仇人了。男孩的母亲检讨自己发狠地打骂孩子的事实，与男孩诉说的情况完全吻合。

既然男孩的母亲认识到了自己的不是，接下来就要探讨她这么做的心理根源了。于是我问：“说实话，孩子给我的印象不错，你为什么这样对待孩子？”

“是，除了学习让我操心，孩子没啥不好。我们娘俩的矛盾，就是因为学习。”

“孩子的学习不是一直处在上游吗？”

“是，一般都是上游，可是也有下滑的时候……”

“即便下滑了，也还在中游哇？”

男孩的母亲沉默了一会儿，说：“是我太重视孩子的学习了。”

“为什么这样‘太’重视孩子的学习呢？”我把这个“太”字说得很重。

男孩的母亲陷入了痛苦的回忆：“我是从农村出来的，好不容易才找到工作。如果自己当年能考个好大学，何至于混成现在这个样子？您说，我怎能不特别重视孩子的学习？”

我表示理解：“好多父母都有这样的想法。但是，并不是每个家长都像您这样对待孩子。您对孩子学习的态度超乎寻常，这又是为什么呢？”

男孩的母亲不说话了，久久地沉思着。

我进一步追问：“可以说说您的婚姻状况吗？对孩子父亲的状况满意吗？”

“不满意。”这三个字男孩的母亲几乎是脱口而出，“我自己没考上大学，还混成这个样子，还能有多好的婚姻？但不满意归不满意，孩子的爸爸是个好人。他当初有个不错的工作，但是后来下岗了。下岗了你倒学点技术，学点本事呀！他爸爸就是不好好学习，不好好读书，不思进取。现在，他只好给人打工，虽然挣得也不少，可那得多辛苦！他不愿学习，愿意挣辛苦钱，这也就算了，我只好委曲求全了。孩子可不能再像他那样啊！”

“所以，你就不择手段地逼孩子学习，甚至动用暴力对孩子连打带骂，导致家庭战争频发，母子成为仇人，是这样吗？”我问。

男孩的母亲脸上现出一丝愁苦:“唉，为了孩子的学习，我从来没有快乐过，我们家从来没有欢乐过。可结果呢?我越管，孩子的学习反倒越不行了，到现在连中游都保不住了。如果我不那样管他，孩子的学习兴许比现在要好。唉，真后悔呀!”

/ 心理解析 /

不难看出，男孩的母亲异乎寻常地重视孩子的学习，导致母子间战争频发，这都是过度心理补偿情结惹的祸。

所谓心理补偿情结，是说如果生活中的欠缺给人留下某种心理上的不满足感，人就总要试图寻求心理补偿，获得心理上替代性的满足。男孩的母亲的心理补偿情结来自两个方面:一是源于对自身经历的不满足感，希望通过孩子来获得心理补偿;一是源于对丈夫状况的不满足感，更希望通过孩子获得心理补偿。

心理补偿情结的深层心理根源是什么呢?

这得从心理学中的“未完成事件”这个概念说起。我们的内心对许多事情，都倾向于追求获得一个完整的心理图形。如果哪件事情在心理上没有完成，没有得到圆满的解决，就是没有获得完整的心理图形，那么，这件事情就成了未完成事件:它可能是一个未完成的任务，可能是一种未被满足的需要，可能是一个未实现的愿望，也可能是一种未完整经历的生活体验。诸如此类的“未完成事件”，会促使人努力去完成它，去体验它，从心理上获得满足，也就是获得一个完整的心理图形。可见，未完成事件是促使人产生心理补偿情结的心理驱动力。

男孩的母亲的心路历程就是这样的:在现实生活中，考上好大学成了她没有体验到的一种经历，成了她没有满足的一种需要，成了她没有实现的一个愿望，一句话，成了她生命中的一个未完成事件。因此，她在潜意识里形成了一种强烈的心理倾向，总要试图在心理上获得补偿，来获得一个完整的心理图形。怎样获得补偿？怎样获得完整的心理图形？只有让孩子来实现她自己生命历程中的未完成事件了。

人总难免有心理补偿情结，这也未必就是坏事。但是，男孩的母亲的心理补偿情结太重了。这导致她对孩子的学习过分重视、母子关系过分紧张和母子战争频繁发生。

我与孩子的母亲沟通了上面的意思，男孩的母亲深有感触地说："是呀，不是孩子不好，是我要求太高了，总想在孩子身上实现自己的梦想。我糊涂哇……"

/ 心理对策 /

男孩的母亲要想走出心理误区，最重要的是进行认知调节。

一是明确认识自己的心理情结。

人们对未完成事件，往往采取压抑和遗忘的策略，也就是会对此视而不见，于是，这种心理情结就会迁移到现实生活中的其他问题上。所以，当事人要重新认识自己的问题，看清自己心理上的未完成事件的实质。一般说来，看清未完成事件的实质，人就能把问题从潜意识层面上升到意识层面，也就能够比较恰当而理性地面对自己现实生活中的问题了。

心理咨询就是帮助当事人看清自己的未完成事件，实现认知调节。经过前面的心理咨询，男孩的母亲逐步看清了，她过分重视孩子的学习是因为自己的未完成事件导致的过度心理补偿情结，看清了自己想通过孩子来实现自己的梦想的实质，因而从内心深处开始接纳孩子了。

二是重新认识自己的生活现状。

男孩的母亲几次提到“混得不好”，说明她对自己的生活现状有明显消极的认知评价倾向。因此，我需要帮助男孩的母亲用积极的认知评价，重新认识自己的生活现状。就此，我们做了较多的交流。男孩的母亲领悟到，有些现实我们不能改变，但是我们可以改变对现实的看法。于是，她开始从内心接纳自己的生活现状了，并一再表示，以后不再那样好强了，不再为学习跟孩子起争执了。只有男孩的母亲从根本上调整对生活的认识，她才能改变对孩子学习的态度，才能恢复与孩子间的正常关系，才能避免母子间的战争重新爆发，孩子的学习才有可能好转。

最后我们商定，以后孩子直接找我做具体的学习心理辅导就可以了，妈妈重在调整自己的心态，不再干预孩子的学习。如此调整的结果是，孩子学习的自觉性和主动性慢慢被激发出来了，成绩正在回升。

事情往往就是这样，问题虽出在孩子身上，但问题的根源往往在父母身上。有时候，心理咨询的目标，就是帮助家长化解心理情结，从糟糕的“作为”，进步到“不作为”。许多时候，家长的“不作为”，恰恰是最理想的家教。

1.2

考前父母亲自辅导，怎么越辅导越不灵了？
—— 在孩子心中撒下希望的种子

/ 心理困扰 /

这一天，我接待了晓慧一家三口。

晓慧是个女孩，上小学三年级了。她原来非常懂事，但是，现在竟对上学越来越没兴趣，隔三岔五地旷课，甚至不想上学了，而且还出现了品行问题。

父母发现晓慧在学校里偷同学的东西，其实家里并不缺这些东西。因为偷东西，晓慧在家里挨过批评，写过检查，可还是时常犯这样的错误。她还对父母说谎，考试后时常骗父母说自己得了高分。父母感到困惑的是，家人非常重视孩子的品行培养，怎么孩子偏偏出现了这方面的问题？

晓慧到底是怎么回事？经过详尽的单独沟通，我总算弄清了事情的来龙去脉。

晓慧的父母都属于成功人士，婚后好些年才有了晓慧，对晓慧除了疼爱，更寄予了很高的期望，指望孩子将来能出国深造。用父亲的话说就是，“怎么也要比我强”。他们对孩子的培养非常舍得投入，舍得花时间。转眼间孩子该上小学了，家里花钱让孩子进了本市最好的一所小学。重点学校里几乎都是尖子生，晓慧的成绩只能保持在中游。父母觉得这样的名次不行，要让孩子力争上游。于是，她的父母积极地行动起来。父母亲自做辅导老师，一个辅导语文，一个辅导数学。在期末考试前的一个月里，他们每天晚上按照教材系统、全面地帮孩子复习，而且还要亲自进行检测。可以说，是让孩子把整个学期的知识重新学了一遍。这样的辅导真的见效了。尽管晓慧平时成绩不是很好，但每次期末考试不是双百，就是考个九十八九分，有一次还考了个全班并列第一。老师很是惊喜，特意让晓慧第一个去讲台前拿试卷。既然见效了，自然要坚持下去。于是，三年来，每次期中、期末考试前，晓慧都要接受爸爸妈妈这两位最忠实的老师最认真的辅导。

可是，让晓慧的父母百思不得其解的是，这个方法越到后来越不灵了。特别是三年级最后这次期末考试，父母的辅导比以往更全面、更系统、更认真，想着晓慧怎么也该在班里处于上游，拿个前 10 名应该没问题。没想到，她却只考了倒数第几名，数学竟然没有及格。这样的结果让父母接受不了，用父亲的话说，就是“简直要气晕了”！因为晓慧的成绩不理想，过去父母已经对她进行了太多严肃的说教，妈妈除了说教还曾经打骂晓慧。晓慧总是说“下次一定要考好”。但结果是晓慧越来越害怕考试，越害怕考试越考不好，越考不好就越不爱学习了，到最后干脆不想上学了。

/ 心理解析 /

我决定单独和晓慧谈谈，听听她的心声。

晓慧说，她记忆中的成功只有一次，就是考了第一名那次，这让她感觉特别自豪。后来不知怎么的，总是考不好。妈妈发火，同学取笑，她心里特别难受，就不想上学了。有时候考得不好，怕妈妈知道了发火，她就对妈妈说考了一个好分数。她偷别人的东西，也是觉得这么做能让她心里好受些。“比如，有一次我把学习委员的本子装进了自己的书包，她很着急……”

我说："这让你感到很痛快，是吗？"

晓慧说："还不够痛快，我还想把她所有的学习用具都收起来，让她找不到。有一次，同桌嘲笑我，放学后我就故意最后走，把他的东西都收了起来……"

现在答案找到了。晓慧的所谓品行问题，实质是学习压力问题。学习压力是从哪里来的？是从违反常态的家庭生活、父母过高的期望和过度的家庭辅导中来的。父母不是教师，家庭教育的主要功能也不是教给孩子知识。父母应该着重培养孩子健康的心灵，教孩子如何做人，而晓慧父母的角色扮演却严重错位了。孩子上低年级的时候，由于知识简单，父母辅导孩子重学一遍可能管用，但这只是拔苗助长，并不是真正的成长。知识复杂了，重新学一遍的效果就不那么明显了。而且，过度辅导本身就是消极的暗示——"你不行"，这会让孩子对自己失去信心。同时，成功的父母本身就容易给孩子造成心理压力，而过度辅导又强化了这种压力，于是，考试成了最恐怖的事情。心理压力过大的直接结果，就是降低了学习效率。于是，成绩反而更不好了。

晓慧偷拿别人的东西，其实是一种发泄，从而获得心理上的一种替代性的自我满足。至于说谎，是为了心灵的自我防卫。一旦考试成绩不好，父母、老师就不喜欢自己，一个孩子除了说谎，还有什么好办法呢？

/ 心理对策 /

我与晓慧的父母交流了上面的意思，晓慧的父母深刻地认识到了自己过去的错误。原因找到了，问题也就有了对策。沟通协商之后，我们取得了以下共识。

第一，不能再让孩子背负偷窃、撒谎的“罪名”，理解孩子所谓的品行问题的背后，是由学习压力导致的自我心理保护，家长要给予孩子正确的引导。

第二，在学习上彻底放弃过度辅导的办法，降低对孩子的期望值，保持平常心。这样做有助于父母从内心深处赏识孩子，在孩子的心中撒下希望的种子。心中有了希望，孩子才会一天天好起来。在具体操作上，要坚持小步走原则。比如，在新学期里，帮助孩子确定的目标一定要小，考试成绩只要有进步就是成功。每一个小小的成功，都会成为孩子继续前进的动力。

两三个月后，晓慧的父母给我传来好消息，说孩子在期中考试中真的前进了十几名。其实，这是情理之中的事。只要父母找回了平常心，给孩子营造了正常的生活环境，孩子就会慢慢好起来。

1.3

让孩子干什么他就干什么，但干什么都无精打采，我们该怎么办呢？——让孩子自主地生活

/ 心理困扰 /

这一天，我接待了一个男孩和他的父母。

初步沟通后我了解到，男孩的父母都上过大学，父亲是一个机关单位的领导，母亲是一个单位的业务尖子，都是很优秀、很强势、很有成就的人。男孩是个初中生。初次见面，我从男孩的言谈举止中感受到了男孩的善良、懂事和文静，男孩给我的第一印象非常好。我差不多可以断定，这是一个好孩子。这样一个男孩会有什么问题？父母又为什么不顾路途遥远陪孩子来访？

我首先与男孩的父母进行了交流。男孩的父母几乎异口同声："可把我们愁死了！您说，我们的孩子怎么对学习没有上进心了呢？"

心理问题的诊断是很费事的，必须具体情况具体分析，必须有充分的沟通。于是我问："没有上进心？怎么叫没有上进心？请说说具体情况，可以吗？"

男孩的父亲抢先说："怎么说呢？这孩子就是没有上进心，做什么都没有热情，做什么都无所谓，做什么都松松散散、漫不经心、吊儿郎当的，没有一点精气神。就要开学了，这学期结束后就要中考了，唉，他那样子，可要把人给急死了。

"别的不说，就是玩，他也是一副懒洋洋的样子。一个周末的下午，为了激发他的积极性，我兴奋地对他说：'我们去打羽毛球？'他

一副无精打采的样子，说：‘打呀。’我说：‘那现在就去？’他说：‘去呀。’您瞧，光是我剃头挑子一头热。到了外面，我拿出架势，努力制造出一种一定要争个输赢的气氛。可他就是对我的热情毫无反应，接球慢腾腾，发球松松垮垮。哎呀，我心里那个急呀！一个十几岁的男孩子，怎么这个样子？！可是，我又不能发脾气。你说打球，人家就跟你打球；你说去哪儿，人家就跟你去哪儿；你说什么，人家就是什么，你还怎么发脾气？”

男孩的母亲接过话来：“这孩子就是这样，你让他干什么他就干什么，你让他怎样他就怎样，可就是没有一点上进心，没有一点积极性，没有一点热情。周末我带他去打乒乓球。打得好不好不说，人家的孩子个个都像小老虎，那劲头看着就带劲。可他却总是没精打采的，赢了球也不开心，输了球也不着急，一个少年却像个八十岁的老头。当时气得我真想把他踹一边去，抢过拍子替他打。这孩子怎么这样啊？”

我虽然有了一些初步的判断，但还是问道：“学习情况怎么样呢？”

男孩的母亲说：“您想，他连玩都这样，学习上就更别提了。我们对孩子抱有很高的期望，从小就对他的学习非常上心。上小学的时候，我负责辅导他的学习。我这个人脾气急，一看孩子哪里错了，就发脾气大声呵斥他。结果孩子好像让我给吓傻了，听话是听话了，却越来越不会学习了。记得刚上小学的时候，有一次他让我骂得连 100 以内的加减法都不会了。”

男孩的父亲接着说：“我看这样不行，上中学后就由我来辅导孩子的学习。我压住性子不发火，但是，总觉得孩子的学习方法不对，学习习惯也不好，就让孩子照我的方法来。孩子有不同意见，开始还会说，后来就什么都不说了，我说什么就是什么，让他怎么学他就怎么学，可就是成绩上不去。我们看着着急，他自己却一点也不着急，甚至不想去上学了，什么诱惑都不灵了……”

我追问道："诱惑？什么诱惑？"

男孩的父亲不好意思地笑了："为了激发孩子的上进心，我们经常给孩子买这买那。小时候，这样的诱惑还有点用，但现在什么诱惑都不能让他动心了。前不久，我们说如果他努力上进，就给他买一个苹果手机。他却一点动心的感觉都没有，还是那个样子。我想，我应该和孩子好好谈谈，摸清他的心思。可是，他现在根本不和我们交流了，根本就问不出个所以然来。"

男孩的母亲抢着说："更气人的是，这孩子学习不好也不知道害臊了，上课回答不出问题不知道害臊，考试考得不好不知道害臊，你说他什么他都不知道害臊。我心里着急却也毫无办法。因为他听话，说该做作业了他就去做作业，说该学习什么了他就去学什么，说请老师辅导他就点头，说去课外辅导班他就去。可他就是没有上进心，没有积极性，没有热情。您说孩子怎么这样了？"

沟通至此，对孩子的表现我已经心中有数了。但是，我一直在苦苦思索孩子行为背后的原因。是呀，为什么孩子没有上进心了？是谁把孩子的上进心弄丢了？

在男孩的父母反思的时候，我和男孩进行了详尽的交流。男孩求助的愿望非常强烈，我们的交流出乎意料地顺利。

男孩说："虽然是我爸爸妈妈要我来的，但是我看得出来，您是可以帮助我的人。"

我诚恳地说："感谢你的信赖，有什么问题我们一起来想办法解决。"

没想到男孩接下来说："在他们眼里，我做什么都是错……"

我有些意外："这是什么意思？比如……"

"比如学习方法，他们总说我的学习方法不对，总要我按照他们的方法学。就说学习英语吧，小时候妈妈辅导我，她只会训斥我，训得我一提英语就害怕，一提英语就犯怵，我就越发不爱学习，不想学习了。后来我长大了，知道不学英语是不行的，知道自己该努力了。

可是，当我摸索出一套适合自己的方法后，爸爸却说我的方法不对，强制要求我按他的方法学习。我觉得，我爸爸是个很自大的人。这么说也许有点过分，但他从来不问我的想法，在学习上，甚至在生活上，什么都要我听他的。看起来他好像是在帮助我学习，其实他都是在帮倒忙。可是我不敢说，也不能说，我只有听他们的，他们说什么是什么，他们让干什么就干什么。他们还总说我懒，说我不动脑子。反正我做什么都不对，我做什么都得听他们的，他们都给我安排好了，我不懒又能怎样？我还动什么脑子？说我懒就懒呗，说我不动脑子就不动脑子呗。”

说到这里男孩咧了咧嘴，像笑，又像哭，让我心里很难受：“你是说你习惯了？”

男孩看着我说：“是，我习惯了，也练出来了，练得乐观了。怎么说呢？乐观得有点没心没肺了，有点没脸没皮了，就是他们说的不知道害臊了……可是，我能怎么样？我不这样早就垮掉了，我不想让自己垮掉……”

看着男孩满是泪水的双眼，我伸手拍了拍他的肩头。是的，每个人都要保护自己，每个人的心灵都需要自我防卫。可是，在父母不断打击下，男孩要想保护自己的心灵不被彻底摧毁，除了用这最后的一招还能怎样？

男孩平复了一下自己的心情，说：“跟您说心里话，虽然我的学习成绩不好，学校里没有鲜花和掌声，但是，让我感到快乐的地方还是学校。我不想回家，我怕回家，我一回家就感到压力巨大。在我的记忆中，他们没有给过我一句肯定的话，没有给我过一点自主的权利，只知道训斥我，只知道说我不行，只知道找机会打击我……”

我问：“打击你？”

男孩回忆说：“小时候，我有心里话都和他们说。上小学的时候，我跟他们说我喜欢班上的一个女孩。那是我很小的时候的想法，长大后就没有那种想法了。可是，爸爸偏偏喜欢拿这样的事打击我。有一次，他教了我一种学习方法，过了一段时间我忘了。他就说，你喜欢的那个女孩怎么不会忘呢！从此，我再也不和他们说心里话了。

“我爸爸在单位里是领导，总把工作上的做法带到家里来，总是对我说：‘我就是要结果，就是要结果，你说你努力了，你说你想上进，结果呢？’

“是，我知道，我的学习成绩不好，可是这能全怪我吗？是谁让我变成这个样子的？我一直在努力，我也想上进。您问表现？手机不玩了，电脑不玩了，上课走神的时候少了，听讲的时候多了，回家也想方设法完成作业了。真的，就是学习到了今天这个地步，我也没有气馁，我不能放弃自己。老师，我真的没有放弃！可是，他们只知道要结果，不管我努力的过程，我……”

男孩的泪珠终于滚落下来，里面有委屈，有无奈，有抱怨，有伤心……

/ 心理解析 /

当我和男孩的父母再次坐到一起的时候，他们都表示，经过反思已经意识到，孩子变成了今天这个样子他们也有责任。为了促进父母更深刻地反省，我向他们介绍了我与男孩交流的内容，并转达了男孩对父母的希望。

最后我说：“孩子变成今天这个样子，父母有不可推卸的责任。即便这样，孩子还说不想垮掉，不想放弃。听着孩子的诉说，我的心隐隐作痛。如果不是孩子不愿意，我真想让你们当面听听孩子的诉说。为什么孩子没有了上进心？是谁把孩子的上进心弄丢了？现在二位可以给出答案了吗？”

男孩的父亲抱住自己低垂的头说:“孩子的上进心被我们扼杀了。我把在单位的行事作风带到了家里，在孩子面前太强势、太严厉了。不给孩子说话的机会，不管孩子是怎么想的，只知道让孩子完全服从，亲手扼杀了孩子的上进心。”

男孩的母亲愧疚地说:“孩子的上进心真的是被我们扼杀了。我也是个强势的人，脾气太急，对孩子太狠，总是看孩子不顺眼，不断地打击孩子、训斥孩子、压制孩子。是我们亲手扼杀了孩子的上进心。”

父母都期盼自己的孩子更加优秀，强势的父母更希望孩子强过自己。但越是强势的父母偏偏越容易有个弱势的孩子，越是争强好胜的父母偏偏越容易有个不求上进的孩子。

这是为什么?父母太强势，本身就不利于孩子的成长。更为严重的是，强势的父母往往在不知不觉间剥夺了孩子的自主性，既剥夺了孩子生活的自主性，也剥夺了孩子生命发展的自主性，更剥夺了孩子心灵成长的自主性。有时候，父母恨不得代替孩子成长，代替孩子发展，代替孩子生活，让孩子完全成为自己手里的皮影人。试想，一个完全失去自主性的孩子，哪里还会有什么上进心?哪里还会有什么积极性?哪里还会有什么生活的热情?

不错，并不是每个家庭都存在这样的亲子关系，并不是每位父母都这样对待孩子。但是，父母扼杀或压制孩子自主性的现象，并不罕见。

/ 心理对策 /

在家教心理咨询中，为了避免激化亲子冲突，我作为心理咨询师在孩子面前很少明确表明态度倾向。但是，在跟男孩的交流中，面对男孩的泪水，我意识到我必须给男孩提供必要的心理支持。我握住了男孩的手，说：“马老师相信你，马老师支持你！我们要过程，我们不放弃！”

随后，我给予了男孩具体的心理自救策略指导。我们一起制定了两个原则：一个是低起点，一个是小目标。男孩表示要按照这两个原则，自己制定作息表，自己制定自学课表，坚持自主学习，努力做自己学习的主人。我们就这些计划、安排进行了具体的讨论。最后，在我的提议下，男孩提出了他对父母的希望：希望父母少训斥他，多让他自己安排自己的学习。最后握手的时候，我感受到了男孩心里的力量。

最后，男孩的父母诚恳地向我请教：“我们该怎么改变呢？”

我们的一切教育，都应该是努力培养孩子的自主性。家长要放手，把自主性还给孩子，让孩子自主地生活、自主地成长、自主地发展。

沟通了这个意思，我问：“二位有什么想法呢？”

男孩的父母到底是有素养、有悟性的人，他们不再愁眉不展：“我们不会再管孩子那么多了，让孩子自主地生活、自主地学习。”

我也笑了：“好，有一种爱就叫放手。放手，就是把自主权还给孩子。当然，还有信任、倾听和鼓励。只要认识问题解决了，相信你们一定会为孩子做出改变的。”

大约一周后，男孩拨通了我的心理咨询专线，说父母变化很大，自己不再感到压抑了，学习上更努力了，也看到了未来的希望。

1.4

我们这么优秀，孩子身上却到处是缺点，我们该怎么办？

—— 由衷地赏识孩子

/ 心理困扰 /

这一天，我接待了一家三口。女孩的父母介绍说：

“我们夫妻学历都很高，性格都特别要强，事业上也都很成功。孩子的父亲还被评为有突出贡献的专家，并享受国务院特殊津贴。可是，让我们苦恼的是，孩子身上全是缺点：学习成绩怎么也上不去，非常抵触数学，拒绝跟同学交往，也不愿和我们交流，对什么事都不感兴趣。您说这可怎么办哪？

“女儿今年 14 岁，读初一，成绩一直都不是很好，现在已经完全不想学习了，对数学更是深恶痛绝。而且，她和同学的交往也有问题。据老师反映，她平时习惯独来独往，总爱用仇视的目光看待周围的一切。我们已经意识到可能是我们的批评毁了孩子。但是，好胜的我们看到孩子学习如此落后，就忍不住批评甚至打骂孩子。结果情况更糟糕了，孩子更厌倦学习了，甚至提出不想上学了。我们真是失败到了极点！

“女儿 3 岁多的时候，我们邮购了一套提高儿童智力的训练丛书，开始对她进行训练。训练还真有效果，几次训练下来，她竟然能把圆周率背到小数点后二十几位，我们感到无比高兴。之后，我们开始对她进行数学训练。这下问题就出来了，她对数字一点都不敏感。于是，我们就开始打骂她。上了学前班以后，女儿的数学学得更费劲，因此没少挨我们的骂，现在她已经拒绝学习数学了。

“让我们感到痛苦的还有女儿不愿和我们交流。只要有亲友来家里，她就不让人家走。我们也意识到这可能是她在家里感到太孤独的缘故吧。孩子太需要爱了，可是我们没有给她爱，给她最多的是粗暴的打骂。她上四年级的时候，有一次我刚要扬手打她，我的手臂突然脱臼了。我想这是上天在惩罚我，不让我这样对孩子，从此我再也不敢打孩子了。

“孩子现在干什么都没有信心，对什么都不感兴趣。我们深知自己的做法有问题，但心里越是着急，就越是控制不好情绪，一看到她出错就骂她，骂完又开始后悔。结果，孩子的好奇心没有了，想象力也没有了，孩子的性格已经完全被我们扭曲了，孩子跌到了一个由我们自己亲手制造的深渊里。”

和女孩的交流，大致印证了父母介绍的情况。女孩特别提到，她在家里得到的爱很少，不愿和父母交流，就算和父母说心里话父母也不愿听。同时，女孩也一再说自己干什么都不行。

为了增强女孩的自信心，我引导她找自己身上的优点。开始很困难，但慢慢地还是找到了很多优点，特别是她还当过班干部，并获得过优秀班干部的称号。我对女孩的长处给予了充分的肯定。听到我的赞扬，女孩挺起了胸脯，坐直了身子。

经过交流，我感觉这是一个很可爱的女孩。她成绩不好，还不愿与人交往，让一家人深陷痛苦的深渊。这是为什么？

/ 心理解析 /

这个痛苦的深渊，确实是女孩的父母亲手制造的。

其中一个原因，是父母对孩子的期望过高。因为父母对孩子的期望过高，便很难看到孩子的长处，总是盯着孩子身上的不足。这样，就会给孩子更多的消极评价，对孩子形成消极的心理暗示。消极的心理暗示就好像给孩子贴上了一个消极的标签，结果孩子真的越来越不行了。许多孩子的潜能就是这样被父母的消极评价压制的。再有，父母由于期望过高，就没有了从容的心态，对孩子的教育就会急躁粗暴。于是，孩子的心灵被扭曲了，对学习更加没有信心。

另一个原因，就是父母太成功了。女孩的爸爸妈妈太棒了，太成功了，这对孩子的成长来讲可能恰恰是一个不利的因素。为什么呢？因为即使父母不直接给孩子施压，父母的成功本身对孩子而言就是一种无形的压力。何况成功的父母比普通家庭的父母对孩子的期望更高，给孩子的压力更大。结果呢？孩子就像得了厌食症一样，得了厌学症。孩子已经被学习压力压垮了，还怎么发展？

/ 心理对策 /

女孩的父母似乎第一次认识到这两个原因。女孩的母亲深深地叹了口气："看来，真的是我们害了孩子！现在，我们该怎么办呢？"

我的建议是：保持平常心，以平和的心态对待孩子，多发现孩子的长处，由衷地赏识孩子，给孩子积极的心理暗示，孩子就会看到希望，自信的种子就会萌发长大，智慧的火花就会被激发出来。

说到这里，女孩的母亲想起了一件事："有一次，孩子遇到了不会做的题目，我努力控制自己的情绪，耐心地给她讲解了一次，孩子第二次真的做对了，我激动地夸奖她'你真棒'！孩子竟然流泪了！那次讲的知识她掌握得非常好，一直不忘。"

就是这样，孩子需要赏识，成功父母的孩子更渴望赏识。

第二次交流的时候，女孩的母亲说，回去后他们和女儿有了第一次深入的沟通。她发现女儿真的有很多可爱的地方：生活自律，爱做家务，关心父母，每次吃饭都先给老人和父母端饭……母亲似乎第一次发现孩子身上的可爱之处，心中越发地后悔，情不自禁地流下了眼泪。女孩的父亲也说，以后一定要转变对孩子的态度。

由于女孩的父母领悟得很好，他们的教育态度和亲子关系都发生了好的转变。我随后的建议是，对孩子的引导要坚持多鼓励和小步子走的原则，让孩子一步一步地前进。

1.5

孩子原来是尖子生，现在成绩明显下滑，除了打骂还能怎么办？
——期望降下来，评价提上去

/ 心理困扰 /

这一天，我刚刚外出开会回来，就接待了一家三口的预约来访。

男孩叫志超，14 岁，正在读初二。志超从小学习成绩就很好，在上小学时一直是前三名，而且经常拿第一。到了初中，初一的时候也还是前几名，可是到了初二成绩明显下滑，而且越来越糟糕，他越来越不想上学了。

这让他的父母很着急。母亲就想尽办法去批评、训斥、打骂、监督他。可是，志超越来越没有自信了，在课堂上也不敢发言了，在家里也不敢说话了，连处理生活上的一些事情也越来越没有自信心了。说到这里，志超的父亲愁苦万状，母亲已经泪流满面了。

说心里话，在前面的沟通中，我并没有发现志超有什么大问题，可他的父母为什么有这样强烈的反应？随着沟通的深入，我对这个家庭的问题有了进一步的了解。

志超的父母在单位里工作都很出色。志超还没上学的时候，他的父母就想，一定不能让孩子输在起跑线上，要给孩子打好基础。于是，就让志超上了很多早教班。孩子上小学后，父母十分重视孩子的学习，给孩子请老师做课外辅导。志超也没有让父母失望，在小学里一直是尖子生，差不多成了“第一名专业户”。

志超上中学后，父母不仅请老师来家里辅导，还让志超去外面参加辅导班。这还不算，为了让志超上更好的学校，父母特意把志超从家乡转学到了大城市的一所重点中学，还在新学校附近买了房子，母亲也特意调到志超上学的城市工作。从此，夫妻俩过起了分居生活，母亲把全部心思都放在了孩子的学习上。结果呢，初一时还可以，可是到了初二，成绩却下滑了。母亲非常着急，可是再次考试他的名次还是下滑。母亲就变本加厉地训斥他，甚至哭闹。到后来，志超开始不听话了，有时候是无声的对抗，有时候是直接表态。有一次志超居然大声喊："别管我了，我不想上学了！"

/ 心理解析 /

为了诊断得更加准确，接下来，我和志超进行了单独的交流。

志超开口说道："我感到有压力的就是考试非常非常多。这次休假回去又要考试，有时候好像一周都在考试，甚至好像天天都在考试。这一科要复习，那一科也要复习，真的是分身乏术，压力太大了。"

很明显，志超承受着过重的心理压力。怎样帮助他化解考试压力呢？

我说："可是，你的同学并不是都感觉压力如此巨大吧？"

志超看着我说："是呀，我看很多同学好像不太在乎考试……"

为了引导志超，我说："我给你讲个故事吧。2010 年 1 月 12 日，海地发生了地震。地震发生时，刚刚出生 11 天的女婴伊丽莎白正在家中二楼的卧室中酣睡。地震发生后，伊丽莎白家的房子倒塌了，家人都在房子外，唯独伊丽莎白被埋在了废墟里。当救援人员救出伊丽莎白时，她已经被埋在废墟下 8 天。出人意料的是，小家伙虽奄奄一息，却依然活着！这个婴儿创造了一个生命的奇迹！你说这是为什么？”

志超脱口说道：“因为她不知道害怕。”

我给予肯定，说：“非常正确。因为婴儿不知道生命受到了威胁，不知道害怕，所以虽然她身处废墟之中，内心却依然平静。想一想，考试时你应该怎么做？”

志超的眼睛亮了：“不要太在乎考试结果。”随后志超又诉苦说：“可是，爸爸妈妈太在乎考试结果了，对我的学习成绩就没有满意的时候。有一次，英语试卷非常难，我还考了92分，妈妈知道后大发雷霆，说：‘又退步了又退步了！’还有一次，妈妈又对我的考试成绩不满意，对我又哭又闹：‘你怎么这样不争气！’其实，每次分数出来时我也很难受，很想拿到好名次。可是，我也不知道怎么了，真的很失望，甚至很绝望……”

很明显，志超感到考试压力很大，对自己失去信心，父母的过高期望和过低评价，是重要的影响因素。

/ 心理对策 /

志超要努力避免由父母的消极评价带来的影响，要坚定地相信自己。但是，从根本上说，父母应该做出积极的改变，不要再给孩子造成这种消极的影响。

为此，我与志超的父母进行了沟通。首先，我明确表示，孩子没有什么问题，问题的根源在父母身上。简单地说，父母对孩子期望太高，给孩子的评价太低。这样做的结果是压抑了孩子的心灵成长，压制了孩子心理潜能的发挥。

志超的父母该怎样改变呢？所谓“响鼓不用重锤”，既然是悟性很好的家长，我就不用讲大道理了。我讲了自己生活中的一个真实的故事。

没事的时候，我喜欢打打羽毛球。过去，是我和孩子做搭档。但是后来孩子不愿意陪我玩了。暑假里，我把妻子“逼上梁山”，让50多岁的她开始学习打羽毛球。她从来没摸过羽毛球拍，我自然不敢对她有过高的期望。于是，开始打的时候，只要她能接住羽毛球并打回来，我就叫好。慢慢地，她居然能打几个回合了，我更是连声夸“好球”。这叫好是情不自禁的，因为我不曾想过妻子能打羽毛球，而且还能打几个回合。更让我意外的是，在叫好声中，她居然能不断刷新成绩，由几个回合，到十几个回合，再到几十个回合，那次居然打到五六十个回合。后来，妻子偶尔还可以抢个险球。再后来，她可以接连进攻，让我连连输球……回想起来，除了叫好，我没有过一丁点的“技术指导”，妻子不仅球技越来越好，打球的热情也越来越高……

听完故事，志超的父母都领悟到，对孩子要多鼓励、多表扬。用专业的话说，这叫多给肯定评价。可很多父母却习惯给孩子否定评价。结果呢，孩子越来越差。问题是，怎样才能多给肯定评价？还说前面的故事，为什么我妻子的球技一般，我却连连夸“好球”呢？

志超的父母稍做沉思便悟到了：“因为您的期望不高，所以就容易满意。”

对孩子更是要这样。只有把期望降下来，才能把评价提上去，才能给孩子积极、肯定的评价，才能多鼓励、多表扬孩子，才能提升孩子的自信心。如果怀着过高的期望，看孩子就总是不满意，哪里会有真正的积极、肯定的评价？即便表扬也是言不由衷，在孩子身上也不会产生应有的心理效应。

第二辑

为什么父母『爱』孩子，反而害了孩子？

在本辑的案例中，亲情关系都出现了这样那样的偏差甚至扭曲，正常的爱变成了溺爱、监控、剥夺、否定等。这样做的结果就是，孩子厌倦学习了，孩子不想上学了，甚至有的孩子已经离开校园了。

如果这些案例能够给您带来启发，相信您能更好地理顺您与孩子的亲情关系。

2.1

孩子太懒了，都懒得上学了，这懒病该怎么治？

—— 给孩子自我成长的空间

/ 心理困扰 /

晓玮是个男孩，高高大大、文文静静的，给人的第一印象挺不错的。可是，晓玮的妈妈却为他的事非常着急。为什么？因为晓玮刚上高中就懒得去上学了。而且，这懒病由来已久，晓玮上初三的时候就懒得写作业了。妈妈发现他每天晚上都不做作业，但第二天作业本上却都写满了，一问才知道原来是他早晨到学校里抄同学的作业。不过，晓玮脑子不错，中考的时候一努力，考了 500 分左右，高中入学的时候成绩处于中上游。上了高中，晓玮还是十分懒惰，照样不写作业。可是，原来的那点小聪明不够用了，第一次月考名次下滑得很厉害。晓玮想过要努力，可是没过两天懒病就又犯了。如此这般，几次考试之后，晓玮就到了最后几十名了，最后干脆懒得上学了。

晓玮的懒病其实在生活上表现得更明显，他什么都懒得做。妈妈一直认为孩子生活上懒点就懒点，只要学习好就行了。眼见现在晓玮因为犯懒学习差到了这个份上，妈妈才意识到问题的严重性。

晓玮自己也说："我就是懒，懒得学习，懒得写作业，现在都懒得听课了。过去靠那点小聪明还可以蒙混过关，现在不行了，真的学不进去了，所以懒得去上学了。"

晓玮提出想休学，明年重读高一。可是，这个年龄休学在家里待着，肯定不是个办法，而且说不定还会变得更懒惰。但是，晓玮说什么都不想去上学了。这可如何是好？妈妈无计可施了，终于辗转联系上我，开始接受心理咨询。

晓玮为什么会变得这么懒惰？

/ 心理解析 /

原来，晓玮从小生长在一个特殊的家庭环境中。晓玮的爷爷奶奶是再婚夫妻。当时，爷爷这边带着一个儿子，奶奶那边带着一个女儿。两个孩子长大后，有了爱情，也结为夫妻，两口子有了一个孩子，就是晓玮。晓玮简直成了全家的心肝宝贝。可以想见，祖辈老两口既是爷爷奶奶，又是姥姥姥爷，对这个孙辈该是多么疼爱、多么呵护哇！

父母对晓玮自然也是疼爱有加。但是，晓玮的爸爸是海员，一出海就是很长时间。为了照顾孩子，晓玮的妈妈年纪轻轻就买断工龄，不去上班了。这样一来，三个大人在家里照顾一个孩子，可以想见照顾得该是多么周全！晓玮现在已经这么大了，但还是妈妈给他铺床，妈妈给他叠被，妈妈给他洗头，妈妈给他剪指甲，妈妈给他洗水果，妈妈照顾他的一切。

他们母子刚刚来访时，我的心里就闪过两个问号。其一，母子俩刚进门时，我为他们接水，让晓玮来端水杯，妈妈却赶紧跑过来。当时我心里就画了一个问号：为什么会这样呢？其二，母子俩落座后，看到我在一个国际会议上发言的照片，本来坐在座位上就可以看得清清楚楚，妈妈却赶紧拿起来递到儿子跟前。当时我心里又画了一个问号：为什么会这样呢？现在，答案不言自明了。

这样的亲子关系是导致晓玮产生诸多问题的根源。说到工作，我们首先想到的是挣钱，这固然不错。但是，工作还有更深层次的心理意义——可以让人的心灵有所寄托。晓玮的妈妈现在三四十岁，正是生命力最旺盛的时候。她放弃工作，闲居在家照顾孩子，而丈夫又经常出海不在家，晓玮的妈妈事实上就过着一种类似单身女人的生活。这样非常态的生活，让年轻妈妈孤寂的心灵如何得到寄托？于是，妈妈抓住了身边的孩子，把孤寂的心灵全部寄托在了孩子身上，对孩子过度关注、过度呵护、过度疼爱。交流到这里的时候，晓玮的妈妈已经泪流满面了。

这样过度的爱，会给孩子带来什么样的影响呢？我说到了自己养花的教训。过去，我经常将好好的花给养死了。后来听一个养花行家说，许多花都是浇坏的。他解释说，好些人养花养不活，就是因为浇水太多，植物吸收不了多余的水分，导致“烂根”。说到这里，我让晓玮的妈妈亲眼看了被我浇坏的一盆花。晓玮的妈妈很受触动。同样，许多孩子都是被“爱”坏的，这些孩子的妈妈往往爱得太过、爱得太多，让孩子的心灵出了毛病。晓玮的懒病，就是这样被妈妈“爱”出来的，用专业的话说，属于亲源性心理问题。

许多家长以为，孩子在生活上懒点不算什么，只要学习勤奋就行了。殊不知，懒病有很强的扩散性，一旦形成，作为一种人格特征，会在方方面面表现出来。一个孩子若养成了懒病，不可避免地要在学习上犯懒。而且，随着年龄的增长，孩子会感到成人过度的爱是一种控制，还会拿犯懒来反控制，于是学习会变得更糟糕。

/ 心理对策 /

到了这个地步，晓玮要治好自己的懒病，确实不是一件容易的事情了。但是，晓玮的主动来访，表明他很想自救，很想治好自己的懒病，很想坚持自己的学业。我与晓玮做了详尽的沟通后，他很快找到了自救的出路：从小事做起，从容易的事做起，坚持写作业，坚持学习，慢慢治好懒病。

既然晓玮的懒病属于亲源性心理问题，除去病根的关键就要看他的妈妈了。

妈妈该怎么办？非常庆幸的是，在这个问题上，他们母子俩想到一块儿去了。和晓玮交流的时候，我让晓玮给妈妈提一条建议，晓玮几乎是脱口而出："让妈妈找个工作。"我和晓玮的妈妈交流了之后，晓玮的妈妈触动很大，领悟很深。我请她谈谈今后的打算，她也几乎是脱口而出："我先找个工作。"对此，我表示了充分的肯定。

同时，晓玮的妈妈也表示，今后，不再监控孩子的学习了。对此，我也表示了充分的肯定。妈妈去上班，客观上减少了对孩子的过分关注，再加上妈妈主观上自觉地不去过度关注孩子，相信可以真正给孩子一个自我成长的空间。最后，我建议晓玮的妈妈，在后续的教育过程中，要学会关注孩子身上的亮点，学会为孩子加油。

2.2

老师十分关心孩子，孩子为什么却不喜欢老师呢？
—— 还给孩子起码的自由

/ 心理困扰 /

达志是个初中生。新学期开学第一天，他对父母说想退学。这怎么行！父母连哄带吓唬，达志勉强去了半天，下午说什么也不去了。家长请老师帮忙做工作，也没做通。转眼一周过去了，达志还待在家里。父母只知道着急生气，却不知道孩子到底怎么了，更不知道应该怎么办。万般无奈之下，父母想到了心理咨询。于是，电话预约后母子俩来到了心理健康中心。

达志不想上学到底是为什么？

也许有人推测：一定是学习不好。这样的推测不无道理，学习障碍是很多学生不想上学的重要原因。可是，达志的妈妈却说，达志脑子很好使，是班里的尖子生，考试总是排前几名。

也许又有人推测：一定是老师不喜欢他。这样的推测也不无道理，师生关系紧张，确实是不少学生排斥学校的又一重要原因。可是，达志的妈妈却说，学校里的各科老师都喜欢达志。也是，一般来说学习好的学生都会得到老师的喜爱。

这就奇怪了：学习好，老师喜爱，达志为什么偏偏不想上学了？

/ 心理解析 /

达志的妈妈对我说："我还想到了一些其他的情况，不知道有没有用。跟您实话实说，我们家长和老师关系都不错，老师确实对孩子很关照，也很关心孩子的学习。有一次，孩子数学考了第五名，老师非常高兴，把孩子叫到办公室给孩子加油，最后说：'这次考第五名，下次怎么也要进前三名啊。'孩子回来跟我说：'我就怕考不到哇！'前几天，我带孩子去学校，请老师们帮助我做工作，让他能正常上学。英语老师劝孩子说：'你的英语成绩很好，另一个英语好的同学已经转走了，咱们班就剩你一个英语好的了，你再走了，老师还指望谁？'您说，还要老师怎样关心他的学习？可是，老师劝了半天也留不住他，弄得老师也不知道该怎么办。

"孩子和同学在一起时爱乱花钱。为了防止孩子乱花钱，也防止孩子跟别的孩子学坏，我每天都接送孩子。当然是暗地里接送，尽量不让别人看见。孩子说过不愿意我这样做，可是我不放心。为此，我还特意跟班主任老师说过，请老师多关注一下孩子花钱和与人交往的状况。暑假前的一个周末，孩子和几个同学去逛街，花了一些钱。我就请班主任帮忙管管孩子。班主任周一就把孩子叫到办公室跟他说这件事。没想到孩子的态度很不好，结果大家不欢而散。回来后孩子还很不高兴，对我说：'老师管得着这些吗？这不是侵犯隐私权吗？'

"我们问孩子为什么不想去上学，孩子气鼓鼓地说：'就是因为老师，就是不喜欢老师，不愿意见到老师。'这就奇怪了，老师这么喜欢他，这么关心他，他怎么会这样不喜欢老师呢？"

是呀，深得老师关心的学生，为什么偏偏如此不喜欢老师？

常常有这样的情况，来访者所谈的似乎与问题不搭边，却恰恰反映了问题的实质。现在就是这样，达志的妈妈介绍的情况似乎离题甚远，在我看来却非常有用——因为这些情况已经让我初步找到了问题的答案。

接下来我和达志进行了深入的交流，进一步印证了这个答案。

难怪老师这么喜欢和关心达志，在交流的过程中，我也喜欢上了他，他的确是一个好孩子。我真切地感受到了达志的诚恳、老实，他心地好，学习好。达志这么好的孩子，怎能不让人喜欢？可是，为什么达志不喜欢老师，对老师的爱不买账呢？

达志谈了很多，与他妈妈说的情况基本相符。谈到退学原因，达志几乎是哭着说："我对爸爸妈妈说了，他们总不信。我真的什么也不为，就是因为不喜欢老师，不愿意见到这里的老师……"

也许是达志感到遇到了知音，他跟我吐露了自己的心声："特别是班主任，管我管得太多，什么事都管，就连我课外和哪个同学在一起玩也管。那天我和一个同学在一起，老师看到了就把我叫到办公室，大声对我说：'我告诉过你不要和那些学习不好的同学待在一起！'我知道老师和我们家关系好，也知道老师是为我好，但是，我感觉老师好像总是在盯着我，不管课上课下、校内校外，我做什么事，老师好像都知道，都要管。整天被人盯着，我真受不了……"

望着达志求助的眼神，我说："你是说，你想退学，是因为这里好像有一双眼睛总在盯着你，所以，你想逃离？"

达志似乎感觉终于有人听懂了他的心思，他点点头，眼圈红了，眼眶里噙满了泪水。

一个被老师如此关爱的学生，为什么不喜欢老师？现在我们终于找到答案了。一句话，都是过度关爱惹的祸。老师过度的关爱、关心、关注，被达志视为监督、监视、监控。越是被关爱，他越是感到被监控。其中，还有家长与老师的"密切合作"。事实上，老师的过度关注与家长的过度关爱，是互为因果、相互强化的。一个人如果无时无刻不被监控摄像头监控，会是怎样的感觉？一定会感到压力巨大、全身紧张，甚至心惊胆战，惶惶不可终日。不用说一个孩子，就是一个成年人也受不了。受不了怎么办？本能的反应就是逃离，逃到一个不被监控的地方，逃到一个可以轻松自由的地方。这就是达志要退学的心理动因。

/ 心理对策 /

当我和达志的妈妈沟通了上面的意思后，达志的妈妈痛心疾首地说："原来是这样！都怪我们太关爱孩子了。就说上学放学吧，达志都是个中学生了，我还是每天接送。难怪那次孩子对我说：'你要总是这样什么都管，我就离开这个家！'原来，孩子就是想逃离监控，就是想找一点自由。"

对孩子过分的爱有时会变成对孩子的监督和控制。爱为什么会变成监控？因为教师和家长对孩子的爱变形了，变味了，变异了，因而容易过火。我在心理咨询中发现，有些老师和达志的老师一样，爱学生爱的是学生的分数，也有的是跟家长有私交，于是对学生倍加"关爱"。爱得过火，就会让学生总想逃离。爱总难免有自私、监控的成分。这原本也不是罪过，而是世之常理、人之常情。但是，一旦爱中的私欲过度，就会关爱过度，就会监控过度，也就会让人总想逃之夭夭了。

症结找到了，药方也就有了。我与达志的妈妈最后达成的共识是，不要再以爱的名义来满足私欲，不再对孩子过度监控。该放手时就放手，还给孩子起码的自由。这才是真爱，真爱是不会让孩子想要逃离的。

2.3

让孩子去上学，他为什么总跟我讨价还价？

—— 把生活还给孩子

/ 心理困扰 /

陈女士急火火地来到心理咨询室，刚刚落座眼泪就流下来了。听完陈女士的诉说，我总算弄清楚了，她急切来访是因为正在读高三的儿子晓海好几天没去上学了。

陈女士说："眼看还有一个多月就要高考了，好容易有个盼头了，儿子却说不想上学了，您说这不是要急死人吗？昨天晚上我劝儿子上学，没想到儿子一连提出三个条件——要么给他 800 块钱，要么带他去外地旅游一次，要么就给他换一个新手机，让我选择。"

晓海为什么不去上学？一个孩子怎么会因为上学和家长讨价还价呢？

/ 心理解析 /

陈女士说："细说起来这件事也怪我。我是个初中教师，孩子上小学那年，为了照顾孩子，我调到了孩子上的那所小学。孩子该上初中了，我又想办法回到了初中，和孩子一个学校。到孩子上高中了，为了孩子我又费心费力地跟孩子到了高中。过去孩子小，他没有说什么。最后我跟孩子调到了高中，孩子非常反感，说我这么做就是为了看着他。孩子说得也对，他从小学习就是靠我管着、看着、哄着、劝着。

“为了孩子能好好学习，我一直哄着他。他要是哪天不爱学习了，我就对他说：‘妈妈给你买好吃的，给你买好玩的，只要你给妈妈好好学习。’结果，孩子是把准我的脉了，越来越觉得他是为我而学习了，经常因为学习的事情跟我讲条件。为了让他好好学习，我每次都不得不答应他的条件。可是，越是这样孩子越是不爱学习，提的条件也越来越高。

“上初中的时候，有一天他张口就跟我要三百元钱，说是要买一个什么玩具。我没给他，他就生气了，好几天不理我，也不管我叫妈妈了，而且拿不上学要挟我。最后我还是妥协了，答应了他的要求，连哄带劝总算让他上学了。

“就这样，这些年为了让孩子上学，我对孩子总是连哄带劝、妥协退让。现在上到高中了，孩子还是遇到点不顺心的事就闹情绪不上学，我就想尽办法哄劝他，满足他的条件。有一次，孩子居然逃课和同学去了网吧。为此我好说歹说，最后孩子说不再逃课去网吧了，却提出条件要我给他买一个新手机。我说：‘如果你保证不再逃课，我就答应给你买新手机。’可是，我满足孩子提出的条件后不久，孩子又为别的事情不好好上学了。

“这次是因为最近一次考试考得不好，他就不想上了，想待在家里等到暑假后重读。这是随便闹着玩的吗？12 年了，好容易盼到了高考，怎么能不参加呢？可是，我越是着急，儿子越是不去上学，一直到最后提出了上面那三个条件。您说该怎么办？”

至此我终于明白，晓海为什么要和家长讨价还价了。问题的关键在于，家长把孩子的学习当成了自己的事情，孩子的一切学习活动都好像是为家长做的。既然是为家长学习，自然要跟家长讨价还价了。很多家长往往会不自觉地陷入这样的误区：好心地剥夺了孩子的生活，把原本属于孩子的事情变成了自己的事情，孩子自然就会认为一切事情都是为父母做的，于是，孩子没有了主动性，没有了责任感，没有了担当意识。久而久之，家长就会感到孩子永远长不大，家长和孩子之间就会出现这样那样的冲突。

/ 心理对策 /

沟通至此，我请陈女士说说她是怎样打算的。

陈女士说："能有什么好办法？还是哄哄劝劝答应他的条件吧。可是，我又怕现在答应了他的条件，过几天他还会闹出别的问题，还会不好好上学。哎，我真是不知道该如何是好了。"

我给陈女士的建议很简单："这次绝不再主动和孩子谈上学的事情，不问，不说，不哄，不劝，不急，不闹，装出若无其事的样子，该上班上班，不去管他，看看效果如何。"

两天后，陈女士打来电话，声音里带着几分惊喜和几分困惑："孩子果然去上学了。真奇怪，以往我对他连哄带骗他还要谈条件，这回我不理他，不管他，他怎么什么条件都没提就自己上学去了？这是为什么？"

其实，道理很简单。妈妈把属于孩子的生活还给了孩子，孩子就可以承担起自己的责任了。上学本来就是孩子自己的事情，还提什么条件，还有什么可讨价还价的？陈女士需要改变的就是，做一个"懒"妈妈，做一个"狠"妈妈，做一个敢于放手让孩子自己生活的妈妈。

沟通至此，陈女士不再困惑："原来如此，我知道该怎样当妈妈了。"

晓海未来也许还要面临许多问题，陈女士作为妈妈也许还需要付出很多努力。但是，陈女士刚刚把学习生活还给孩子，孩子就自己上学去了，这是个可喜的转变。相信陈女士能从中学会怎样当妈妈，学会怎样让孩子对自己的事情负责。

2.4

孩子的表现实在太差了，他到底是怎么了？
—— 换个视角看孩子

/ 心理困扰 /

心理咨询室里，一位预约来访的女士，掩饰不住内心的焦灼，却还是努力微笑着。我把水杯递给她，尽力营造舒缓轻松的氛围。

她没顾上喝水，急切地开始了与我的交流："我是一名小学教师，您就叫我小吴吧。我早知道您是心理咨询专家，从网上找到您的联系方式，就赶紧来访了。事情是这样的。我儿子比较聪明。那年我正好接一年级新生，就让5岁多的孩子跟着上学了，就在我的班上。今年他刚9岁，已经上五年级了……"

这不是一个很棒的男孩吗？没想到小吴老师接下来的话却让我大感意外。

她叹了一口气，说："孩子在自己的班上，我当然希望他是最优秀的。可是，孩子的表现太差了，作业差，字写得差，考试成绩也差，而且越来越差。哎呀，这个孩子身上的问题太多了。不知道为什么，他最近还害怕考试了，害怕上学了，甚至不想上学了。怕考试你倒努力学习呀，还不肯努力，特别懒，越来越懒，上课懒得听，作业懒得做。平时在学校他总是躲着我，回到家也不愿意理我，我看得出来，他很不愿意和我待在一起。孩子到底怎么了？"

在小吴老师的诉说中有几个高频词，除了"差"，就是"懒"，再就是"问题"，孩子简直成了"问题孩子"。而且，她越说越痛苦，越说越焦灼，最后声音中都带着哭腔，眼泪就要流出来了。

为了帮她平复情绪，我放慢语速尽力平静地说出了我的感觉：“我没有听出孩子有多大问题，为什么你这样焦灼、这样着急？”

小吴老师的悟性很好，闻听此言她立刻平静了许多：“是，孩子现在的老师也劝我别太着急了。我也感觉是我自己的心态出问题了……”

“是的，我看孩子没什么问题，倒是你这位妈妈问题不小。你的问题是什么呢？心太高，性太急。”我说出了我的判断，“而且，如果我猜得不错，你自己应该就是个争强好胜的人，工作上是不是很优秀哇？”

小吴老师盯着我说：“您怎么知道？不瞒您说，我带的班考试成绩总是年级第一，我个人每年都是先进工作者。我心里总是这样要求自己，对待工作就是要有高目标，就是要力争上游。如果有谁超过了自己，我就心急得吃不好、睡不好……”

“可以想象，你一定付出了很多努力，甚至承受了很多痛苦，是吗？”

小吴老师点点头，沉默了好久。

“也不难想象，你对孩子的指责和训斥，一定也给孩子带来了不少痛苦。是吗？”

说到这里，小吴老师眼圈一红，泪水终于落了下来。

我递过纸巾，静听小吴老师诉说痛苦的往事。

她陷入了痛苦的回忆中：“孩子上三年级的时候，看大家都让孩子学钢琴，我也买了钢琴，请了老师。可是，孩子一点兴趣也没有，一开始就不愿意学，勉勉强强学了一些日子，就再也不想学了。为这件事，我骂过他，也打过他，可孩子就是死活都不愿意学了。看着孩子整天情绪低落，萎靡不振，没有一点生气，我不得不让他放弃学琴。可是，没想到孩子的学习也出了问题，学习兴趣没有了，成绩下滑了，作业也懒得写了。慢慢地，孩子好像对什么都没有兴趣了，什么都懒得做。一年多了，钢琴摆在家里，孩子从来没摸过，甚至连看都不看。我每次看到钢琴，再看到孩子萎靡不振的样子，就难受得不得了……”

/ 心理解析 /

沉默了片刻，看小吴老师的情绪平复了一些，我轻轻地说：“我们都知道，兴趣是最好的老师。有人会觉得这句话是一句口号，其实不是的，这是一个最朴素的真理。再说，三年级是孩子成长的一个特殊的转折期，本来就容易出麻烦，需要父母特别的关注。你却不顾孩子的心理发展特点，一厢情愿地强制孩子学习，除了让孩子厌学还能有什么好结果？你这样做，不仅没有帮孩子学好钢琴，还让孩子失去了对学习的兴趣。这真是个让人警醒的教训哪！”

“是呀，都是我害了孩子。”小吴老师十分后悔，“怎样才能改变孩子？”

要想孩子改变，父母先要改变。父母首先要知道自己哪里出了问题。那么，小吴老师究竟哪里出了问题？

一是小吴老师的职业角色给孩子带来了消极影响。从教育实践和心理咨询实践来看，教师的孩子往往比其他孩子多一份烦恼。虽然我们都说尊师爱生，但问题是，老师可以时时刻刻地“爱”学生，学生却受不了老师时时刻刻的“爱”。学生总需要远离老师的时刻。一般的孩子能够找到这样的时刻，放学了，回家了，就远离了老师。但教师的孩子就没有这样的幸运了。这是因为，人很难摆脱职业角色心理固着，就是说，当老师的父母回到家里很难摆脱教师的角色，还会以教师的眼光看孩子。于是，孩子就找不到父亲母亲了。而小吴老师的孩子偏又在她的班上，情况就更糟糕了。所以，孩子总是想躲开她。

二是小吴老师的人格特征给孩子带来了消极影响。小吴老师是个有着完美主义倾向的人，事事追求完美，期望较高。以这样的心态要求自己，自己的人生就会平添许多烦恼；以这样的心态要求孩子，也会让孩子平添许多烦恼，进而影响亲子关系。小吴老师工作优秀，业绩突出，班上的学生成绩很好，这样一来，她就更容易过高要求自己的孩子。这造成了亲子关系日益紧张。

由于职业角色的原因，小吴老师对孩子监控过多；由于人格特征的倾向，她对孩子要求过高。于是，她对孩子就会有较多的消极评价和较多的消极情绪，就会把孩子看扁了，把孩子看成“问题孩子”。这就是小吴老师心理问题的症结所在。

/ 心理对策 /

我与小吴老师沟通了上面的意思，小吴老师一个劲儿地点头。她望着我说：“那您说我该怎么改？”

我的建议很明确：“换个视角看孩子，把否定换成肯定，把批评换成欣赏。”

小吴老师为难地笑了：“如果孩子能改变，我一定会改变对孩子的看法，肯定孩子，欣赏孩子。问题是孩子现在这个样子……”

“你是想问，孩子现在这个样子怎么肯定他、欣赏他，是吗？”我没有笑，“有句话说，如果暂时不能改变现实，我们可以改变对现实的态度。就是说，同样一个孩子，同样的现状，是否定他还是肯定他，关键不在孩子，而在父母的态度。”

见小吴老师不解地看着我，我知道这时候需要把问题具体化了：“以你们孩子的考试成绩为例，你说他考试成绩差，究竟差到什么程度？一般考试排多少名？”

“一般英语排前几名，数学中上游，语文最差，在中游吧。”

"在你看来，这样的成绩居然算是很差的了，那怎样才算好成绩？"随后，我话锋一转，"就是说，孩子的成绩总体上说至少属于中游偏上，是这样吗？"

"是的。"

"你的儿子比同班同学小一岁多，成绩却处于中游偏上，这还是在兴趣减退了、心态不好的情况下。如果状态好成绩是不是会更好？你说，究竟是该否定孩子，还是该肯定孩子？"

小吴老师的脸由阴转晴："也是呀，这样看，孩子是该被肯定。"

我继续说："更重要的是，一旦你改变了对孩子的态度，就会给孩子的心灵注入力量，就会让孩子重新看到阳光，找到生活的热情。孩子自然会越变越好。所以说，只有改变自己，才能改变孩子。"

告别的时候，小吴老师的脸上有了轻松的笑容："谢谢您！我一定要改变自己，换个视角看孩子。"

送走小吴老师，我心里并不轻松。我知道，相对来说，孩子是比较容易改变的，但是父母常常很难改变。父母的职业角色心理、人格特征心理，以及在此基础上形成的亲子关系心理模式，都是很难改变的。

令人欣慰的是，几个月后小吴老师传来了好消息：孩子的状态好起来了，学习也好起来了。小吴老师的领悟能力和自省能力真的很强。我知道，为了改变自己，她一定付出了不少努力。

2.5

为什么孩子常发脾气，戒备心强，还排斥弟弟？
—— 关注老大的亲情需求

/ 心理困扰 /

晓路今年 12 岁，是个男孩，本该在学校上学的他，却已经两三个月不上学了。一个该上学的孩子不上学，家长怎能不焦虑？晓路的母亲就是在这样的心态下，急切地要求来访的。

在我接待的家教咨询案例中，不少家庭是因为孩子不去上学了，才急切地来访寻求心理帮助的。一般来说，孩子不上学的背后都有较为深远复杂的心理根源，很多家长错过了对孩子进行心理救助的最佳时机，因此问题解决起来比较麻烦。从心理咨询的效果看，虽然遇到这种情况的孩子最终大多能够重新走进校园，但是往往都要经历一个非常艰难的过程。

鉴于上述情况，如果孩子已经很长时间没去上学了，我通常不愿意接待来访，能婉拒的就婉拒了。这就好比，一名医生明明知道这个患者的病自己治不了，盲目接诊看起来是热心，其实是一种不负责任。

晓路的父母提出来访要求时，我对晓路的父母说明，孩子离校时间太长了，效果很难保证。但是，晓路的母亲在电话里哭诉说，不管效果怎样，都希望我能接待他们。我只能表示，如果能够合作，我将尽最大努力来提供心理帮助。

于是，这一天，我接待了他们。然而，有一个情况让我感觉有些非同寻常。通常都是父母陪同孩子前来咨询，然而，他们却是祖孙三代一起来咨询，陪同孩子来访的除了妈妈，还有爷爷。为什么爷爷会陪同来访?

在我招待寒暄的时候，眼前的一幕引起了我的注意：爷爷和妈妈还都没有落座，晓路却早已坐在了最上首的座位上。这又是为什么?

为了方便，我先跟晓路的妈妈和爷爷做了沟通。

晓路的妈妈告诉我："晓路上小学六年级了，暑假后该上初中了。他学习一直很认真，在这关键时刻，我们就鼓励孩子加把劲争取考个好成绩。没想到，两三个月前，孩子开始出现问题了，不正常了，最后连学校都不去了。我们带孩子看过医生，吃过药，都不管用。"

我说："希望我们能好好合作。刚才你说孩子不正常，主要表现是什么?"

晓路的妈妈说："孩子的问题可多啦，最主要的就是常发脾气，动不动就连哭带闹甚至就地躺下打滚。有时候，还看见什么砸什么。常常就是因为一些小事，比如作业没写完哪，或者是遇到不会的题目哇，就会大发脾气，不是拿笔乱画，就是把作业撕了，然后撒泼打滚。"

我推测说："孩子是不是从小就爱发脾气?"

晓路的妈妈说："您说得对，只是最近表现得更严重了。孩子从小就很特殊，就跟别的孩子不一样，就爱发脾气，脾气一直特别大，有点小事不顺心了，就会连哭带闹的，还常常说我们对他不好，不如爷爷奶奶对他好。"

"除了爱发脾气，孩子还有什么特殊的地方?"

"孩子从小就身体不好，总是生病，不是这儿不舒服，就是那儿不舒服，特别爱感冒，经常看医生。孩子还特别容易过敏，连吃鸡蛋吃白面都会过敏，弄得我们都不知道该给他吃什么好了。"

"此外，还有什么要介绍的情况吗?"

"对啦，可能是奶奶小时候哄骗过他的缘故吧，这孩子疑心比较重，戒备心强。他总担心别人对自己不好，总担心自己受到伤害。所以，他几乎没有什么朋友。”

晓路的妈妈说的最后这一点，我随后就有了体会。

当我和晓路单独会话的时候，晓路虽然表现得很乖巧，能够和我正常交流，却不能敞开心扉，总是用一种“正确的话”回应我。鉴于晓路的防御心理很重，我们没有做过多的交流，我只能继续和家长一起探讨。

我在接下来的交流中了解到，原来晓路是家里的老大，在晓路还不满两岁的时候，弟弟就出生了。弟弟的出生，给晓路带来的是什么？最大的一个变化就是，晓路被送到了奶奶家，从此和爷爷奶奶生活在一起，很少见到爸爸妈妈，很少感受到爸爸妈妈怀抱的温暖。晓路虽然还小，许多事还弄不明白，但他非常清楚的是，每天和爸爸妈妈在一起的是弟弟，每天享受爸爸妈妈温暖怀抱的是弟弟。晓路上学后，才回到爸爸妈妈的身边。但是，这并没有让晓路感到十分幸福，弟弟的存在反而让他感到十分委屈。

原来如此！这个信息让我意识到，前面的问题都可以从中找到答案了。于是，我请爷爷和妈妈谈谈两个孩子的具体情况。

说到这里，晓路的爷爷终于说话了：“您这样说，让我想起了几件事。有一回，孩子跟我们说：‘我妈我爸向着弟弟，有事总说我不对。’还有一次，那还是孩子和我们住在一起的时候，他突然说：‘明天我有本事了，要开来一个大推土机。’我们问他干什么，他说：‘用推土机把爷爷奶奶埋了。’我们问他为什么，他说：‘把你们埋了，就没有你们了，我就可以回家和爸爸妈妈住在一起了。’这不怪孩子，孩子不到两岁就离开爸爸妈妈，委屈孩子啦。正因为这样，我们凡事都顺着孩子，都由着孩子。说实话，孩子的脾气都是我们娇惯出来的。”

晓路的妈妈也有所领悟：“细想想也是，虽然我们当父母的心里觉得对两个孩子都一样，但是，实际的做法确实是冷落了这个老大。记得孩子跟爷爷奶奶住在一起的时候，他就总盼着农忙季节。因为这时候爷爷奶奶要回老家忙农活，这样他就可以和我们住在一起了。还有，孩子和我们住在一起的时候，如果哪天孩子的姥姥姥爷来了，他也不安心，总想方设法赶他们走，也是怕他们把他带走。对啦，还有一个情况，晓路还总跟弟弟发生冲突，我们不在的时候，他有时候还会把弟弟打哭。最让人不能理解的是，他的任何东西都不让弟弟碰。有一次，弟弟拿了他书包里的东西，他拼命对弟弟大吵大闹，把我们都吓坏了。"

"遇到这种情况，你们会怎样做呢？"

"我们就不敢再说他了，一边批评弟弟，一边还要哄他。"

我笑了："如果我猜得不错，每当他发脾气的时候，每当他生病的时候，家里所有的人特别是你们父母，都会这样来哄他、安慰他、关注他，是这样的吗？"

晓路的爷爷点头说："您说得太对了。他和我们住在一起的时候，只要他一出问题，不管是发脾气还是生病，我们哄劝不算，还常常让他妈妈来连哄带劝，再不行还要接走和他爸爸妈妈住几天。"

晓路的妈妈更是一个劲儿地点头："真是这样。平时我们顾不上他，可一旦他生病了，发脾气了，我们再忙，也得把弟弟送到姥姥家，赶紧跑过来照顾他。有时候还把他接到家里，让他和我一起睡。这样待几天就好了。就是这样，他还总会问我是不是真的喜欢他，还会不会把他送走。"

/ 心理解析 /

我们不难看出，弟弟出生后父母错误的养育方式给晓路心理上造成了严重的亲情缺失，这导致了晓路的种种问题。

母爱亲情，是孩子心灵中不可缺少的阳光；母爱亲情，是孩子心灵深处最重要的安全感的基石。

孩子在生命之初没有自我意识，还不能把自己和妈妈分开来。妈妈如果用心，就会听懂孩子的心声：我虽然已经从你的身体中分离出来，但是，在我的心里，我从未与你分开过，我需要与你在一起！到了三岁左右，孩子才会用人称代词“我”来表示自己，用别的词表示其他事物。这是孩子自我意识发展中的一次质变和飞跃。这时候，孩子才开始把自己和他人区分开来，才意识到：我是我，母亲是母亲，世界是世界，母亲不再是我的全部。

所以，孩子两岁前与父母特别是母亲长期分离，会对孩子的心灵造成严重的创伤，会留下种种隐患。晓路就是这样，不到两岁就和父母长期分离，就开始感受到由亲情缺失带来的伤痛。一个孩子，该怎样保护自己受伤的心?

首先是排斥弟弟。儿童心理学告诉我们，孩子从出生后就表现出自我保护和自我防御的本能。出于这种本能，孩子就会把弟弟妹妹看成和自己争夺爱的人，因而排斥弟弟妹妹。而晓路的父母，确实因为弟弟的出生而冷落了晓路。因而，晓路当然会通过排斥弟弟来保护自己了。他不许弟弟动他的东西，便是出于这样的心理：这是我最后的领地了，我要拼命保卫自己。

其次是扮演病人。晓路身体上的种种症状，都不是真正的病症，他是在扮演病人，用心理学的术语说，叫躯体化障碍，就是心病跑到身体上。扮演病人除了可以化解心理压力外，还能给自己带来附加好处：晓路一生病就能见到爸爸妈妈，就能回到爸爸妈妈身边，就能夺回被弟弟抢走的亲情。

再次是大发脾气。晓路爱发脾气，其原因除了爷爷奶奶对他娇宠外，还有自我保护的意义：他通过这种撒娇使性的行为，引起爸爸妈妈的关注，让自己的亲情缺失得到补偿，以满足自己的心理需求。

最后是戒备防御。晓路之所以戒备心较重，就是因为父母的做法在他童稚的心灵种上了一颗不安全的种子，让他缺乏安全感。这样的孩子，对外界的一切事物都会心存戒备。这也是孩子为了在心理上保护自己而采取的一种方式。

总之，晓路所有的问题，都是为了自我保护，都是为了保护自己受伤的心。

/ 心理对策 /

心理咨询的实践一再证明，许多心理困扰，一旦看清了缘由，也就找到了解决办法。

沟通至此，晓路的妈妈和爷爷，对孩子的问题都有了较好的认识。于是，我们通过沟通很快达成共识：第一，要使用合适的语言让晓路知道自己没有病，这对他的自我改变是非常重要的；第二，晓路再出现前述的种种症状时，家长要采取忽略的态度，而在他没有症状的时候，也就是表现正常的时候，给予较多的关注；第三，做好心理疏导，减轻晓路的心理压力；第四，调整父母与两个孩子的相处方式，采取一切可能的措施，让晓路的亲情心理需求得到补偿。

这最后一点是根本。常言道，“扬汤止沸，不如釜底抽薪”。解决许多心理问题，不能“头疼医头，脚疼医脚”。恢复正常的亲子关系，满足晓路对母爱亲情的心理需求，才是解决晓路心理问题的关键所在。孩子对亲情的需求得到了满足，就不会再通过生病、发脾气等手段进行自我保护和自我救助了，所有的心理行为问题也就自行化解了。至于上学问题，心理需求得到满足，孩子自然就会回到校园的。

随后，我们就具体的处理方法进行了沟通。临别时，晓路的爷爷笑着说：“我这趟也没白来，知道以后该怎么和孙子们相处了。”晓路的妈妈眉头也舒展了：“幸好找到了您，要不我们还到处给孩子瞎治病呢，孩子哪有病啊，有病的是我们大人，是我们以前做得不好哇。我们一定要从改变自己做起，齐心协力帮助孩子。”

晓路的妈妈领悟得很好。是的，心理咨询的实践一再证实，很多时候，问题虽出在孩子身上，根源却往往在大人身上。家长从改变自己做起，往往就是给孩子心灵成长的最好帮助。

进行了几次心理咨询后，晓路不再排斥弟弟、假装生病、大发脾气，对别人的戒备防御心理也淡化了许多。一个直接的表现就是，晓路和我有了较好的交流，他明确表示：自己不愿住在爷爷奶奶那里，愿意住在爸爸妈妈这里，现在爸爸妈妈对自己很好，自己也会做得更好。最后他还说，现在就要放暑假了，等新学期开学后一定去上学。新学期开始后，晓路终于顺利回到了学校。我知道，家长一定付出了不少努力，做了不小的调整。

晓路的故事结束了，我的思绪仍在继续：随着我国计划生育政策的调整，不少父母已经生育或打算生育第二个孩子。晓路的故事，可以给我们带来怎样的启示呢？

第三辑

哪些非智力因素影响孩子的学习？

您知道情商对孩子有多重要吗?

从本辑的案例中我们可以看到，孩子不爱上学，一般都不是智商问题，而是情商问题。也就是说，一般不是智力因素出了问题，而是非智力因素出了问题。有的是意志出了问题，有的是情绪出了问题，有的是性格出了问题，有的是兴趣出了问题，等等。

所以，不能“头疼医头，脚疼医脚”，解决孩子不爱上学的问题，要从提高孩子的情商着手。

3.1

孩子不爱学习，只爱玩，问题出在哪里呢？
——从教孩子做人入手

/ 心理困扰 /

心理咨询室里，来访的家长刚刚落座就开始诉苦："马老师，我们的孩子怎么越来越厌学呢？真让人头疼啊！您说这孩子厌学该怎么治？"

不少家长为孩子的厌学问题而头疼，这又是一位为孩子厌学感到头疼的家长。我笑着请他坐下："说说看，孩子有什么表现？"

"就是不喜欢学习，考试成绩总是一塌糊涂，升入中学后情况更严重了。上课时不愿意听课，回家后更不愿意写作业。孩子去过少年宫，上过特长班，写过大字，拉过提琴，画过画，学过电脑，但都是去几回就不去了，学费都白花了！你问他为什么不去，他就说上课没意思，看书没意思。"这位家长朋友一脸的愁苦不堪。

"那么，他觉得什么有意思？他喜欢什么？"

"只要不说学习，怎么都行。"家长列举出孩子的爱好，"爱看电视，电视剧看起来没完没了；玩电脑游戏简直是一绝，有时候大人都玩不过他；还喜欢打麻将，昨天晚上还赢了 200 块钱呢……"

"孩子有这么多爱好，就是不喜欢学习，您看孩子的问题到底出在哪里呢？"我想和家长朋友一起探讨。

"是呀，我也不知道哇。"家长求救似的说，"您看毛病出在哪里？"

/ 心理解析 /

我理了理思绪说："从上面的情况看，说孩子厌学有点不准确。他不单是厌学，而且厌恶劳动，厌恶一切脑力劳动和体力劳动，学习不过是他厌恶的劳动中的一种。他喜欢的东西都属于娱乐消遣的范围，没有一样是创造性、建设性的活动。在现实生活中，我们经常会看到一些年轻人只会玩，只会享受，只会消费，而不会做事，不会创造，不会实现自我。这是令人十分忧虑的。您的孩子虽没有那么严重，可闹不好也有可能成为一个只会玩的人。因为他厌恶的不只是学习，而是一切创造性的劳动。

"最近，我接触了一些厌学的学生，情况虽然不尽相同，但相当一部分厌学的学生都是花钱如流水，只知道享受玩乐，对任何具有创造性的脑力劳动和体力劳动都不感兴趣。这是具有一定普遍性的。"

家长朋友似乎领悟到了什么："我真没想过这么多，我只觉得他不爱学习……"

"是的，为什么许多家长忽视孩子身上综合性的问题，而只看到智商问题，只看到学习问题，甚至仅仅看到分数问题呢？这是因为，这些家长的眼睛只盯住了分数，别的东西就看不见了。正所谓'一叶障目，不见泰山'。"

"的确如此。"家长很有感触地说，"我也犯了这个毛病，只顾重视孩子的学习了。"

我在心理咨询中常遇到这种情况：家长火急火燎地来访，愁苦万状地说孩子如何如何厌学，恨不能立刻讨一服药，拿回去给孩子吃，孩子吃了马上就能考个前三名。问他孩子别的情况，有的家长甚至说："您别管他别的，他什么都不干也没关系，只要考出好分数就行。"这些家长忘了一点，孩子不是考出好分数就能成才的。

心理学告诉我们，一个人成才与否不完全取决于智商高低，还取决于其智慧行为中的两种心理机能系统的相互作用。其中，认知性心理机能系统直接参与对客观事物的认知并处理各种内外信息。人们把具有这类机能的诸多心理因素统称为智力因素，它们包括感知、记忆、思维、想象等。非认知性心理机能系统不直接参与对客观事物的认知及处理各种内外信息的具体操作，但对智慧活动起始动、维持、强化、定向、引导和调节作用。人们把具有这类机能的诸多心理因素统称为非智力因素，它们包括动机、兴趣、意志、性格等。

因此，有人提出了一个与智商相对应的概念——情商。所谓情商，从狭义上说，包括情绪的自我认识、自我调控、自我激励的能力和认知他人情绪、协调人际关系的能力等五个方面。从广义上说，情商指智力之外的兴趣、情感、意志、气质、性格、人际关系等心理因素。有人认为，智商决定人生的20%，情商主宰人生的80%。且不论百分比是否准确，这句话确实从一个角度说明了非智力因素对孩子发展的重要作用。一句话：成才先成人。教育孩子首先要做的是教孩子成人。

表达了上面的意思后，我说："回到厌学的问题上来，孩子很少有单纯厌学的，厌学只是孩子非智力因素存在问题的表现，也就是情商存在问题的表现，就好像发烧是某种疾病的症状一样。光吃退烧药有时去不了病根，光抓厌学，也解决不了根本问题。"

/ 心理对策 /

家长朋友一个劲儿地点头："在理，在理。那么，您说我该怎么办？"

"您孩子的问题，主要是生活态度问题。"我恳切地说。

"可现在许多成年人不也是尽情玩乐吗？他们都活得挺好的。和这么个十几岁的孩子谈生活态度，是不是……”家长又生疑问。

“吃喝玩乐的人的确不少，但他们是成年人，知道在关键处把握自己，掌握分寸。孩子可不行，他们还没有足够的把握自己的能力，一旦认准人生就是要尽情玩乐，轻者变成什么事也不会做的平庸之辈，重者则可能成为社会的害虫。因此，我们应该看到孩子厌学背后更严重的问题。”

“给孩子讲人生大道理他听不进去多少，真不好办。”家长有些为难。

“您不必给孩子讲多少做人的大道理，您只要少给孩子钱，少带他进商店，少让他看电视，少让他玩，少跟他谈论抽烟、喝酒、打麻将、坐豪华汽车、住总统套间的乐趣，就行了。家庭生活舒适轻松自然是很好，但如果超出一定限度，家里充斥着一味追求享乐的氛围，孩子必定会沉溺于享乐。”说到这儿，我笑着对家长朋友说：“也许我说得重了一点，但我真心地希望能帮您找到孩子厌学的病根，帮助孩子治好这毛病。”

“谢谢您，要治好厌学这个病，是应该从教孩子做人入手。”家长朋友真诚地说。

我们能达成共识，对他们的家庭生活，对孩子的成长将是一件幸事。我想。

3.2

孩子为什么请了两天假后就再也不愿走进校门了？
——帮孩子重新找到希望

/ 心理困扰 /

坐在我面前的来访者，是从外省远道而来的一对母子。男孩是一所重点高中的重点班的学生，他的表情漠然，看得出他对心理咨询抱有无所谓的态度。母亲是一位中学教师，看上去很有气质，很有修养，可紧蹙的眉头却掩饰不住她内心的急切和焦灼。

刚刚落座，母亲就急不可耐了："您救救孩子吧。我们孩子要彻底崩溃了！"

我递过水杯："别着急，我们一起想办法，先说说是怎么回事。"

母亲稍稍平静了一些："大约两个月前，也就是期中考试后的一天，孩子因为身体不适请了两天假。没想到，从那以后孩子就不愿走进校门了。我和孩子谈了很多，也请老师和他谈，请亲朋好友和他谈。孩子有那么几次曾答应去上学，可到了要去学校的那天又不去了。看得出，孩子也挺痛苦的，常常把自己关在房间里不肯出来，更不肯见人，连同学也不肯见。有两次，我和孩子谈上学的意义，谈不上学的危害。孩子听后大哭，说自己要崩溃了。吓得我也不敢说了，只好把担心、害怕藏在心里。

"孩子这是怎么啦？我们在当地做过心理咨询。可是，孩子感觉不但没什么用，还会让他压力更大。后来我读了您的书，感觉您可以帮助我们，但是孩子已经对心理咨询产生抵触情绪了。我做了好多工作，他总算答应来访。但是您应该看得出来，孩子来得多么不情愿。

“对了，我和孩子的爸爸很早就分手了。我心里总觉得对不起孩子，总想要好好补偿孩子，加倍地爱孩子。可以说，我把全部心思都放在了孩子身上，孩子是我唯一的希望。我知道，我太过关心孩子，甚至有些娇宠，生活上也从来不让孩子受委屈。孩子已经上高中了，我还每天开车接送他。我不知道自己这样做是不是给孩子造成了不好的影响。”

一个高中生，因为身体不适请了两天假，竟然再也不愿走进校门了。这究竟是怎么回事？男孩究竟出现了什么样的心理障碍？

在心理咨询实践中，求询者和咨询师合作得好不好，确实影响心理咨询的效果。用专业术语来说，合作中存在双方是否匹配的问题。看来，男孩和前面那位咨询师不够匹配，因此，男孩对那位咨询师以及心理咨询产生了排斥心理。我意识到，化解男孩的排斥心理，取得男孩的信任，是我们合作取得成功的第一步。

于是，和男孩单独交流时我努力营造轻松的环境和氛围。我和男孩讨论了心理咨询的特点，通过具体事例让男孩切身感受到，我们的咨询跟师生谈话至少有三点不同：一是平等、宽松，二是保密、安全，三是没有后顾之忧。男孩意识到自己可以实话实说，便消除了防御心理，露出了轻松的笑容，开始进入正题。

说到正题，男孩说不知该从何说起，让我先问。于是，我们的会话从我的问题开始：“听说你是在期中考试后出现症状的，期中考试考得不好吗？”

没想到男孩回答说：“我期中考试得了第一名。”

我没有掩饰自己的意外：“那你平时的考试成绩怎么样呢？”

男孩说：“平时也是在前 10 名吧。我从小到大没经历过什么挫折，从小学到初中，从初中到高中，我的成绩一步步提高。但我学习并不是很努力。上小学的时候，妈妈不管我的学习，我的成绩也就处在中游。上了初中妈妈说该努力了，给我施加压力，我的成绩就到了上游，在班里排前 10 名。上高中后我好像知道要努力了，成绩进一步提高，从入学时候的全校 200 多名前进到前 10 名，后来又到了前三名，还经常拿第一名。为此，我还得到过‘进步之星’奖。可我特别讨厌这个奖！”

我笑了：“你是说，‘进步之星’意味着自己过去不太好，是这样吗？”

男孩第一次点头：“是，是这样。”

我似乎找到了问题的根源，继续问道：“那请了两天假后为什么一直不想去上学呢？”

男孩开始完全放松地交流了：“是这样的，上高中后，我很少请假。在这之前我请过一次假，那次是请一天。当天晚上我就请老师给我补课，补到 11 点多，总算把那一天的三门主课都补上了。第二天我就去上学了。”

“你是说，这样就感觉虽然请了一天假，但是没有耽误课？”

男孩仿佛遇到了知音，再次点头：“是的。这次我请了两天假，第二天晚上也请老师来补课了。可是，两天的课一个晚上怎么补得完？高二每天都是学新课，补不完的那些课，我上学后怎么能跟得上？跟不上进度，我到学校去干什么呀？就这样，第三天我没敢去学校。可是这样一来，落下的课不是更多了吗？我就更不敢去学校了。就这样，越不敢去上学，落下的课越多；落下的课越多，越不敢去上学了。落下了这么多，现在是彻底补不完了！我可真是全完了！我可怎么办哪！在这种情况下，家长和老师还是只说学习学习，那位心理咨询师也和老师一样，给我讲学习的大道理，让我更加崩溃了。”

“你是说感到自己没希望了？”

“落下这么多课，我还有什么希望？”

“知道落下课不好，就赶紧去上学吧。”

“可是我还怎么去上学啊？就说考试吧，我们学校每次考试都是按名次排座位的。我每次考试都是在第一个考场，总是坐在前几个座位上。现在落下这么多课，不得排一百多名啦，甭说前几个座位，就是前几个考场，都没我的份了，我还怎么参加考试，怎么去上学，怎么面对那么多同学和老师的眼睛？在家里，开始我还坚持补课，可是后来我也不想补课了。反正补也补不完，干脆破罐子破摔了，就玩电脑，玩手机，玩游戏，可是，我并不开心，我不知道自己该怎么办，有时候简直不想活了……”

/ 心理解析 /

至此，我们不难看清男孩心理障碍的关键所在了。男孩问题的关键，是人格不成熟，是意志薄弱，用通俗的话说就是，赢得起输不起。

从学习上来说，这是一个聪明的男孩，一个要强的男孩。你看他，一个进步接着一个进步，一个成功接着一个成功，从小学到初中，从初中到高中，他这样一步步走来，几乎没有经历过什么失败，不知道失败是什么滋味，也不具备面对失败的能力。

从生活上来说，这是一个不错的男孩，一个心地善良的男孩。但是，由于家庭结构特殊，过多的母爱，过多的呵护和娇宠，让男孩享受了过多的关注。他没有得到应有的抗挫折能力的锻炼，不知道什么叫挫折，更不知道什么叫迎难而上、愈挫愈勇，面对困难和挫折时只会退缩和逃避。

这个男孩的逆商比较低。什么叫逆商？我们知道，人的智力水平用智商表示，与此相对应，非智力水平可以用情商来表示。心理学告诉我们，对人生的发展来说，情商比智商更重要。与智商和情商相对应，美国的保罗·史托兹提出了逆商的概念，也有人译为挫折商。所谓逆商，说的就是人面对逆境时的反应方式，也就是人面对挫折时摆脱困境和克服困难的能力。面对同样的打击，逆商高的人产生的挫折感就会低，而逆商低的人就会产生强烈的挫折感。

男孩遇到点挫折就崩溃，其心理症结就是逆商低。逆商低让他赢得起输不起。就是说，男孩只能面对进步和成功，不能面对挫折和失败。因此，他特别讨厌“进步之星”这个称号。被评为“进步之星”，虽然说明他有了重大进步，有了重大成功，但是也说明他曾经落后过，曾经失败过。男孩连这都难以面对，由缺课导致的重大挫折他就更不知如何面对了：返校上学吧，将面对失去优越地位的窘境，感觉自己似乎到了穷途末路，感觉完全没有希望了；不上学吧，又不知如何对待自己，对待未来。如此，怎能不纠结？怎能不痛苦？怎能不崩溃？无可奈何之下，他只能躲在家里，逃避现实。

这种赢得起输不起的心态，让男孩碰到挫折和失败时，放大了失败感，用强烈的自我消极心理暗示，把自己打倒了。

为了让男孩领悟到这一点，我给他讲了跳蚤的故事。跳蚤堪称世界上跳得最高的动物。但是，实验室里的跳蚤，却让我们看到了另外一种情形。实验者先把跳蚤放进玻璃杯子中，跳蚤很快轻而易举地跳了出来。然后，实验者在杯子上罩了一个玻璃罩。于是，跳蚤每次往上跳时，都会撞到这块玻璃罩。连续多次后，跳蚤降低了起跳高度，每次跳跃总保持在玻璃罩以下。后来，实验者拿掉玻璃罩，跳蚤却再也跳不出杯子了。

我问：“猜猜看，跳蚤心里是怎样想的？”

男孩答：“跳蚤想，我跳不出去了。”

我随后又讲了大象的故事。大象如果使起劲儿来，很难想象能有什么东西可以拦住它。但是，马戏团里的大象，却不是这个样子的。驯兽师在象很小时就用绳子把它拴在木桩上。它被拴住后也想挣脱，但是，象小的时候力量还很小，经过多次努力，都没能挣脱木桩。时间久了，大象便放弃努力了。象长大后，只要把象拴在木桩上，它就会很安分地站在那里。

我问："大象心里又怎样想呢？"

男孩答："大象想，我挣脱不了了。"

"说得好。"我说，"这给我们带来什么启示呢？回去想一想，我们下次再谈。"

/ 心理对策 /

很明显，我们第一次会话是很成功的。因为，第二天男孩在母亲的陪同下如约来访时，那份热情和积极性已经溢于言表。

这一次，男孩与我交流时更加主动，他谈了跳蚤和大象的故事给自己的启示，说他认识到自己跟跳蚤和大象一样，也是自己把自己打倒了。随后，我们就脑力劳动效果与体力劳动效果的不同进行了讨论。男孩领悟到，就学习效果来说，学习两天不一定就比学习一天效果更好。在课堂上听讲是很重要，但是，绝不是耽误两天课就没有希望了。所以，认为耽误了两天课学习就全完了，只是自己想象出来的结果，是消极的自我心理暗示，和跳蚤、大象一样，是自己打垮了自己的信心，自己磨灭了自己的希望。所以，解决问题还是要靠他自己。

沟通至此，男孩领悟得很好，开始寻找心理自救的出路了："我有两个想法：第一是放弃小高考科目……"

"什么叫小高考科目？"

"小高考科目就是高考不考的科目，只是考查科目。"

"为什么放弃呢？"

"因为小高考科目 60 分就能达标，达标了就能参加高考。90 分以上的，可以在高考总分中加上 1 分。最近一段时间，也就是我在家里的这段时间，正是学校集中突击复习小高考科目的时间，开学后就该考了。以前我纠结的就是小高考的这些科目我根本补不过来。现在我想开了，小高考科目达标就行，不去争那几分了。”

“好。第二个想法呢？”

“第二是放弃那个高度……”

“放弃哪个高度？”

“就是不再争年级前几名了。我之前的目标就是想考我们省的一所重点大学，按照以往的录取线，只要在我们学校考年级前200名分数就够了。我再差也是200名以内，肯定没问题。这样，我就可以轻装前进，轻轻松松地念完高中。等到了大学，我再进一步发展自己。”

我和男孩再次握手：“好得很！这样你就解放了自己，重新找到了希望。更奇妙的是，一旦压力解除了，结果往往比预期的还要好哦。”

战略调整好后，战术的问题就好说了。我们约定，需要的时候，我们再继续交流。

最后，我和男孩的母亲做了一次详尽的交流。男孩的母亲说已经看了我的书，正深刻反省自己，知道过去对孩子管得太多，爱得太多，呵护得太多了。男孩的母亲领悟得很好。问题虽出在男孩身上，根源却是在这位母亲身上。男孩的母亲表示，一定调整自己，做一个“懒”妈妈，做一个“狠”妈妈，学会对孩子放手，放手让孩子锻炼自己。

年后，果然有好消息传来。男孩的母亲告诉我，开学后男孩已经重新走进了校门，开始了正常的校园生活。我知道，为了这可喜的改变，他们母子俩一定付出了不少努力。我相信，他们母子俩一定会继续努力的。

3.3

孩子总是烦，烦了就不去上学，该怎么办呢？
—— 改变孩子对事情的错误看法

/ 心理困扰 /

晓强是个男孩，上初三了，他勤学上进，成绩优良，同学羡慕，老师喜欢。但是，最近晓强却常常让家长头疼。为什么？因为晓强时不时就觉得烦，不想说话，也不想做事。家长一问，晓强张口就是 ——“别理我，烦着呢”。为了这件事，家长常常神经紧张，不知道该如何是好。

这不，前几天晓强放学回家后又觉得烦，家长的神经又紧张起来，想问又不敢问，不问又不放心。第二天，晓强还是觉得烦，烦得不想去上学了。面对家长的询问，晓强这次没再说“别理我，烦着呢”，总算愿意跟家长说了。

家长这才知道，原来前两天学校又考试了，晓强在学校里一天都没听课，光趴在桌子上烦了。过去，晓强常常为考得不如意心烦，家长心想既然还是考试的事，也就不那么担心了。但晓强接下来的话，让家长刚刚放下的心又悬了起来。晓强说：“这次考试成绩不错，比上次前进了好多名。”家长奇怪了：过去考得不好，你烦；这次考得不错，你还烦什么？家长实在弄不懂自己的孩子了，听晓强说想做心理咨询，就赶紧预约来访了。

于是，这一天我接待了他们祖孙三代，知道了上面的故事。

家长连连向我诉苦：“您说，这孩子有点事就烦得要命，烦了就不去上学。眼看快中考了，正是关键时刻啊！您快帮帮孩子，看看孩子到底是为什么烦。我们该怎么办？”

既然晓强主动要求来访，我就抓紧时间单独和晓强进行了交流。

晓强开口就是好几个烦：“烦，特烦，烦透了，烦得要命……”

我问：“这次不是考得不错吗？怎么还烦？”

晓强还是满脸的不耐烦：“是，是不错，但是，您不知道，我丢了很多不该丢的分。”

“什么叫丢了不该丢的分？”

“本来会的也错了，都是低级错误，真是烦死了！”

“什么叫‘低级错误’，什么叫‘会的也错了’？比如……”

“比如，有一道题，如果让我自己列式计算，我肯定会做，可是因为有备选答案，我就给选错了，10分丢了，您说多烦人！再比如，有的题我少写了一个符号，就这么一个符号，两分没了。还有的题我把单位抄错了，就抄错这么一个单位，两分又没了……”

“你是说，你觉得烦，就是因为会的题也丢分了？”

“对呀。会的也丢分，会的也出错，您说，多烦人，真是烦死人了！”说到这里，晓强似乎更加烦躁不安了，一个劲儿地摇头，一个劲儿地唉声叹气。

我笑了：“照你的意思，会的题就不该出错了？”

晓强抬头看着我，依然烦躁不安：“就是呀，会的还出错，您说怎么不让人心烦？”

听到这里，我心里倒安定了许多，因为我看到了晓强烦恼的缘由。

/ 心理解析 /

烦恼是一种情绪体验。人为什么有这样那样的情绪体验呢？心理学上有个“情绪 ABC 理论”，它对此做了很好的解释。其中的 A、B、C 分别是“外来激发性事件”“个体不同的认知评价系统”和“外来激发性事件引起的情绪反应及行为结果”三个英文单词或词组的首字母。“情绪 ABC 理论”认为，外来激发性事件都是中性的，但是，由于个体依据不同的认知评价系统，对外来激发性事件进行了不同的理性或非理性的解释或评价，最终便导致了积极或消极的情绪反应。就是说，导致 C 的原因并不是 A，而是 B。这个理论告诉我们，决定人的情绪的，不是现实生活本身，而是人们对现实生活的看法和理解。

晓强烦恼的根源在哪里？表面看来似乎是因为“会的题目也出错”这件事，其实不然。晓强烦恼的根源是他对“会的题目也出错”这件事的看法不对，用心理学的话说，就是对“会的题目也出错”这件事存在认知偏差。

那么，晓强的认知偏差在哪里？怎样帮助他正确看待“会的题目也出错”这件事？

我找到了下面这张数字表：

5 8 1 3 4 7 6 4 5 9 2 7 8 7 3 5 2 0 9 4 7 8 9

0 1 8 5 2 4 1 7 8 0 1 5 5 4 3 9 1 7 5 4 1 8 6

4 5 5 2 1 8 0 9 3 8 0 6 7 4 6 1 2 5 4 9 1 4 5

2 3 7 3 1 8 6 2 1 5 7 3 7 9 6 8 7 9 5 2 8 1 8

9 2 8 0 6 7 5 6 7 2 5 7 4 9 2 8 9 3 5 1 4 6 5

7 2 0 8 5 1 7 8 7 3 5 5 7 5 7 6 4 2 7 4 5 8 8

0 8 5 4 0 6 5 1 4 5 5 4 5 7 2 3 3 7 4 5 7 1 1

4 3 9 7 1 3 4 9 7 5 6 4 4 1 2 5 9 8 4 1 2 6 7

3 5 2 7 4 6 0 6 8 1 2 3 0 8 9 1 4 5 7 0 1 3 2

我解释说："这个测验很简单，就是按要求画掉其中的一些数字。"晓强显然信心百倍，跃跃欲试。我说："准备好后，请你在这张数字表上，把 9 后面的 3，5 前面的 7，6 与 5 之间的 7，用斜线画掉。好，计时开始。"

测验结果如何呢？由于限定了时间，这样的测验几乎人人都会出现错误，晓强当然也不例外。而且，晓强也想到了，即便大学生来做也会出错。

我趁机问道："这个测验，是不是很简单？"

"是很简单。"

"能说自己不会吗？"

晓强到底悟性好："我知道了，会的题目也可能出错。"

"是的，不仅这个测验，很多测验都是这样。这可以说是测验或考试的意义。考试考什么？就是看你会的题目能出多少错。"

这时候，晓强的脸上已经开始由阴转晴，写在脸上的烦恼已经烟消云散了。

人的情绪体验就是这样，认识转变了，看法转变了，心情也就转变了。

我们合作得很好，咨询似乎可以结束了。但是，晓强没有起身告辞，他沉吟片刻，不好意思地说："您说我为什么会经常这样烦？就说上次来找您吧……"

我们确实合作得很好。好在哪里？好就好在我们的内心产生了共振，不约而同地想到了一个共同的问题：晓强为什么会经常这样烦？

确实，我接待晓强来访已经不是第一次了。晓强上次来访，也是因为烦，谈话过程中，也是几乎一口一个烦，至今提起来"烦"犹在耳。

那次咨询是在两三个月之前，晓强也是因为心烦来找我。但那次是因为考试名次下滑了，马上又要考试了，他心里有压力，怕考不好，就烦得要命，不想去上学了，也不想考试了。说来也怪，心里越烦，就越想烦心事，从小学想到中学，从家庭想到社会，从现在想到未来，好多好多烦心事都来了，越想越烦。最后，晓强写了一封长信给家长。家长看过信，只知道孩子又烦透了，却根本看不懂孩子的心思。

就是在这样的情况下，我接待了他们一家人，记得也是祖孙三代一起来的。

晓强给我看了他的长信。透过他的文字，我明白了，晓强并不怀疑学习的意义，而是怀疑自己的学习能力。他为了缓解心理压力，吃不到葡萄说葡萄酸，故意说学习没意义。在心理学上，这种潜意识里的心理活动，体现了一种自我心理防卫机制。

我与晓强进行了充分的沟通。晓强领悟到，自己上次的考试名次下滑事出偶然，具体说来就是考试不太规范，现场有不少同学作弊了，因此，自己的名次下滑，与学习能力无关。但是，人一旦对自己失去信心，就真的会一败涂地。所以，对自己应该有坚定的信心，只有这样，才能激发潜能，保持优势。

晓强的悟性很好，找回了自信心。我清楚地记得，晓强临别时不好意思地笑了："其实我也知道那次考试成绩下滑的原因，但是我一遇到点事就爱心烦，越烦心越乱，就不知道该怎么办了。现在我知道了，我明天去参加考试。"

当时我就意识到晓强爱心烦的背后，还有需要进一步探究和解决的问题。但是，由于时间所限，咨询只好暂时告一段落。

/ 心理对策 /

这次晓强来访，我一开始就想到了上次没有解决的那个问题。正准备深入探讨时，晓强主动提出这个问题，既让我有些意外，又让我有些欣喜：我们的合作真的很默契。

思绪及此，我笑了："你能这样想很好。是呀，你为什么经常这样烦呢？"

为了进一步沟通，我和他的家人坐到了一起。通过交流我进一步了解到，晓强是三代单传的独子。令人欣慰的是，这个三代单传的独子并没有被娇惯成性，也没有养成什么坏毛病，反而勤学上进、善良懂事。我在咨询过程中也看出了这一点。其中，最明显的一个细节是，晓强总是先让家长坐，而不是像有些来访的孩子那样自己先坐下来。

但是，家人还是很难以平常心去对待他，总是多了一些关注。家长也承认，总会比平常家庭对孩子，更多一分疼爱，更多一分呵护，更多一分关注，更多一分娇宠。这一点在来访中也有所体现，最明显的是，他们两次来访都是祖孙三代一起来。爷爷陪同来访，还是很少见的。晓强就是在这样的家庭环境中，慢慢形成了敏感又执拗的性格。所谓敏感，用老师的话说，晓强就是心事重，遇到事情想得太多，还不好劝。所谓执拗，用家长的话说，就是拧，就是容易烦，烦起来没完没了，谁也劝不好。

另外，晓强生长在农村，祖辈父辈都是老实的农民，只会疼爱孩子，却读不懂孩子的心事。所以，每当晓强心烦的时候，全家人都不知该如何是好，只知道小心翼翼地劝孩子：妈妈小心翼翼地哄，爸爸小心翼翼地劝，爷爷也会专门过来小心翼翼地连哄带劝。晓强上小学时还好些，到了初中后，更加容易心烦了。这更让全家人高度紧张、小心翼翼了。家长的小心翼翼让晓强更加感到无助，就更不往好处想，就更心烦了。

沟通至此，晓强似乎找到了知音："就是这样，越烦就越不往好处想，越不往好处想就越烦……"

我笑了："看来真的不是别人打倒你呀！"

晓强也笑了："是，只有自己才能打倒自己。那人是怎么把自己打倒的呢？"

我讲了一个故事。有个主妇，不小心打破了一个鸡蛋。这本是再平常不过的小事了，可主妇却想：鸡蛋能孵成小鸡，小鸡能变成母鸡，而母鸡又能下很多蛋，很多蛋又能变成很多鸡……主妇如此想下去，仿佛自己失去了一个养鸡场，越想越痛苦。

不用嘲笑主妇，我们都有这样一个"心理放大镜"。心理学家做过一个有趣的实验：要求被试在一个周日的晚上，把自己未来七天内的所有烦恼都写下来，投到一个"烦恼箱"里。被试过了三周之后打开这个"烦恼箱"，结果发现其中九成的烦恼并未真正发生。可见，烦恼多是自己想出来的，是自己心里放大的。

说到这里，我问晓强："现在你知道人是怎么自己打倒自己的吗？"

晓强顿悟了："都是不断自我放大的结果。"

晓强领悟得很好。敏感又执拗的性格，让他对不如意的事容易过度敏感，过度敏感就容易心生烦恼，心生烦恼就容易没完没了地想，没完没了地想就容易更加烦恼，最终掉进放大烦恼的怪圈。

沟通至此，晓强真的不烦了，他平静地说："我怎么才能走出烦恼的怪圈呢？"

我说："很重要的一条，就是学会不再放大烦恼。感到心烦时，可以找出一张纸来，先逐项列出烦恼，然后将烦恼归类整理，最后合并同类项。合并同类项之后你就会发现，烦恼其实就那么一两项，自己面临的问题其实很简单。这个操作过程是一个让自己安心的过程，是一个让烦恼自行消散的过程，是一个让理智自然复苏的过程。烦恼走了，理智就会来接班。于是，你就有可能找到解决问题的办法。"

晓强高兴地接过话头："对，我可以准备一个小本子，把本来会做却做错的题记下来，整理、分析，提醒自己不再犯同样的错误。”

我也高兴地握住晓强的手：“你挺有办法呀！做个会想办法的人是不是感觉更牛哇？”

家人也要创造条件促进晓强改变。为此，我与晓强的家长进行了交流，我们一同分析了家庭环境对晓强性格的影响。最后，我们达成的共识是：一方面，平时减少对孩子的呵护和疼爱，多放手，给孩子经受挫折的机会，给孩子锻炼成长的机会；另一方面，在孩子心烦的时候，不要过度关注，不要见风就是雨，以免火上浇油。家长要做的是镇定自若，这样才可以帮助孩子安静下来。

当然，性格的完善需要一个过程。我相信晓强会付出努力的。因为，临别握手时，晓强的手是那样有力。

3.4

孩子一上学就肚子疼，这是怎么回事？

—— 帮孩子在积极的行动中找回自信

/ 心理困扰 /

郑强是个男孩，上小学三年级了。他本来是个让人喜欢的孩子，但是，最近却变成了让人头疼的孩子。于是，家长急切地带他来咨询。

郑强到底出了什么问题？

我把郑强安置好后，先和郑强的母亲进行了交流。

郑强的母亲一脸的焦灼："您帮帮我们吧，这孩子最近上学成了难题，他一上学就肚子疼，疼得很厉害，甚至疼得直打滚。我们只好带孩子去看医生。可是，看了很多次，医生都说孩子没有什么问题，只开了一点药。这样一折腾，半天就过去了，孩子也就不用去学校了。奇怪的是，只要不去学校，他的肚子不用吃药就好了。每次都这样。您说，孩子为什么总是肚子疼？"

"这种情况是从什么时候开始的？"

"大概是从上三年级后开始的。"

"上三年级后，发生了什么事吗？"

郑强的母亲想了想，说："记得孩子最初出现这个问题是在一个周一，之前的那个周末他没有写完作业，我们狠狠地批评了他，他爸爸还很生气地打了他。我们从来没有打过他，就那次他爸爸打了他两巴掌。好像周一他就有点不对劲了，那天他的肚子就不好受，上午就没去上学。

"好像从那次以后，孩子时常会肚子疼。特别是快要考试的时候，更容易肚子疼。还有两三次，他因为肚子疼而没去参加考试。

“对了，孩子还经常说老师不好，不愿意去上学。他说三年级的老师不如以前的老师好。有一次，他因为作业出了问题，被老师罚站了，回来后非常不高兴，还跟我发脾气。学校开运动会，他报了两项，一项是跑步，一项是铅球。可是，当天他又肚子疼，上午就没能参加跑步项目，等下午他感觉肚子不疼了，想去参加铅球项目时，老师说已经换人了。这也让他非常不高兴，回来后他也发脾气了。”

“如果我猜得不错，孩子平时学习很好吧？”

“是，一、二年级的时候更好，经常考第一名，连考第二名的时候都很少。所以，老师们都喜欢他，每次都把‘三好学生’的名额给他，也都有点宠着他。就这样，孩子从小自尊心就特别强，总想拿第一名。上了三年级后，虽然学习成绩也很好，但是很少考第一名了。所以，他学习的劲头不如以前了，也不那么喜欢老师了。为了帮孩子保住好名次，为了提升孩子的自信心，我有空就给孩子辅导，还给孩子报了课外辅导班。哪想到，就是从这时候开始，孩子有了肚子疼的毛病，有事没事总肚子疼。

“为了治这个毛病，我们跑了很多家医院。后来，我们还带孩子去看过心理医生，有的医生说孩子肚子疼是因为胆小，有的医生说是因为内向。可是看过两三次，孩子的问题还是没有得到解决，他还是经常因为肚子疼不去上学。没办法这才联系上您……”

为了弄清事情的原委，我和郑强单独进行了交流。交流中，我尽力营造亲切、轻松的气氛，跟他谈起了他们的学校，谈起了他们的老师。郑强说起了他不喜欢现在的老师，也说到了妈妈提到的那两件事。

说实话，让我有点意外的是，郑强十分健谈，有什么说什么，说着说着还要站起来做动作演示。他哪里胆小？哪里内向？推想起来，有心理医生说他胆小、内向，可能与他看心理门诊时紧张、拘谨的状态有关。

那么，郑强到底是怎么回事呢？

谈话的气氛越来越融洽，我们就作业和运动会两件事进行了充分的交流。郑强明白了，作业出错老师就会让学生罚站，老师对所有学生都这样，不是单单和他一个人过不去；运动会上，他上午肚子疼，老师担心他不能参加下午的项目临时换人也在情理之中。最后郑强说："我知道了，也不是老师对我不好，您说是吗？"

看我表示了肯定，他随后又说："可是，我没有自信了，我怎么没自信了呢？"

"怎么叫没有自信了？"

"我现在不能总拿第一名了，有时候是第二名，有时候是第三名。"

"你过去总是第一名吗？"

"是呀，上一、二年级的时候，我总是考一百分，总是得第一名。我经常想起一、二年级时候的事情，那时候多好，要是现在还那样该多好，可是……"

"你说没有自信了，是说不能保证自己总是考第一名了？所以你有点怕去学校了，有点怕考试了，是这样吗？"

郑强看看我，只点头不说话。

"于是，你就经常肚子疼，是吗？"

郑强再次点点头不说话。

"你知道你肚子疼是怎么回事吗？"

郑强抬起头看看我："您是想说我肚子疼不是病？"

如果非说郑强肚子疼是病，那也是心病，他是在扮演病人，这在心理学上叫躯体化现象。所谓躯体化现象，就是一个人本来有情绪问题或者心理障碍，但没有以心理症状表现出来，而转化为各种躯体症状表现出来。这是人在进行自我心理防卫，以减轻内心的痛苦。就是说，躯体化现象实际上是一种潜意识的心因性反应，是心病跑到了身体上。

想到这里，我肯定地说："对，你没有病，你的肚子疼不是病。如果非说是病那也是心病，是你心里找不到一、二年级时候的感觉了，是你心里担心拿不到第一名了……"

/ 心理解析 /

郑强说自己"没有自信了"，似乎是随口说出的一句话，却说到了点上。至此，我们已经可以清楚地看出，郑强的心理问题的关键，既不是胆小，也不是内向，而是丢掉了自信心。

郑强的自信心是如何丢掉的呢？

郑强天资较好，再加上家庭的影响，他的学习成绩在一、二年级时总处于班级领先地位，他总是能拿第一名。对这样的孩子，家长总难免抱有较高的期望，老师也会多多关注。这些都让郑强形成了一种过高的自我期望，他习惯了争强好胜，习惯了鲜花和掌声。

但是，一个学生的考试名次有太多太多的变数，许多因素都可能影响考试的名次。就郑强的情况来说，进入三年级就是一个重要的影响因素。在小学阶段，三年级是个转折期，需要学生重新适应。大多数学生都可以逐渐适应。但是，郑强习惯了争强好胜，习惯了鲜花掌声，习惯了拿第一名。他对转折期不适应，他不能再保持第一名的优势地位，于是他的心里有点失衡，找不到自信心了。

需要说明的是，人一旦找不到自信心，就会通过心理投射，把对自我的不满投射到周围的人和环境上。郑强对三年级老师的抱怨，其实就是自我感觉不好的心理投射。

对郑强来说，上学变成了一件有压力的事情。怎样才能逃避压力呢？

据说沙漠里的鸵鸟被敌人追赶而难以逃脱时，会把头埋进沙子里。既然无法面对眼前的困境，那只有把头埋进沙子里，就什么也看不见了。心理学把这种现象称为自我心理防卫机制。人在面对自己难以承受的心理压力时，为了避免心灵受太大的痛苦，也会采取种种方式，来回避眼前的困境。由于这和鸵鸟面对困境时的对策差不多，于是，有人把这种心理防卫机制称为“鸵鸟策略”。面对压力时，鸵鸟可以把头埋进沙堆里，人该怎么办？躲到病里是个不错的办法。人的肠胃是情绪反应的第一晴雨表。所以，情绪上的种种压力最容易诱发肠胃上的反应。郑强就是这样，通过肚子疼来回避压力。事实上，郑强通过肚子疼，确实暂时躲避了考试，减轻了内心的压力。

为了帮助郑强领悟这个意思，我请他讲讲“鸵鸟策略”。郑强再次来了兴致，说到鸵鸟钻沙堆，再次站起身来边表演边解说，一点都没有胆小、内向的影子。

/ 心理对策 /

故事讲完了，郑强安静下来：“我知道了，我生病，就像鸵鸟钻沙堆，但是，钻沙堆不管用啊！我生病也不管用啊！我越躲就越没有自信了！怎么办呢？”

怎么帮助郑强重新找回自信心呢？

第一步，把消极暗示换成积极暗示。

“我没有自信心了”，这句话已经萦绕在郑强心头太长时间了。对郑强来说，这是一个持久而强烈的消极的自我心理暗示。心理暗示的作用是超乎我们的想象的。所以，最重要的是尽快帮助郑强，用积极的自我心理暗示来替换消极的自我心理暗示。

我用通俗易懂的话说明了这个意思，郑强接受了我的建议，同意从此刻开始，从自己的词典里删除“我没有自信心了”这句话。为此我们还拉了钩。同时，从此刻开始他要经常说“我是有自信的小男子汉”。我们在现场进行了多次练习。

第二步，把消极逃避换成积极面对。

面对心理压力时，郑强虽然通过生病暂时逃避了考试，但是，这到底是一种消极的逃避策略，不仅解决不了问题，还会带来新的麻烦。这一点，郑强已经有所觉察，于是，在前面交流的基础上，我们继续聊起这个话题。

我说：“既然生病不管用，你也知道自己肚子没有病，那以后该怎么办？”

郑强想了想说：“不再当病人了，肚子疼了也不怕，继续坚持上学。”

为了给郑强鼓劲，我们现场玩起了推手对抗赛。我们一人伸出一只手互相推。开始，郑强有点不好意思，在我的鼓励下，郑强来了热情，真的把我当成了他的小伙伴，开始拼命地推我，甚至站起身来使出全身的力气。一个男孩子用尽全力，我一个老年人坐在那里实在招架不住。于是，郑强连连进攻，连连取胜。

游戏结束后，郑强坐下来痛痛快快地喘气，满脸通红，满脸兴奋：“我知道了，越怕越没有自信心，真的不怕了，自信心也就来了。”

我点着头说：“对待肚子疼，对待学习压力，也是这样。”

随后，我们再次玩起推手对抗赛。这次我也起身使出全身力气，让郑强失败了一回。这是为了让郑强明白，有自信不等于永远不败，有自信不等于总是能拿到第一名。有自信就是不管怎样，都不害怕，都能勇敢面对。最后郑强表示：“我懂了，星期一我就去上学。”

和郑强的母亲交流后，我们取得了共识：期望越高，失望也就越大；家长只有自己保持平常心，才能帮孩子保持平常心。

大约一周后，郑强母子再次来访。郑强的母亲介绍说：“上次交流后，孩子有进步了。除了周一上午没去上学，之后每天都去上学了。

情绪也比以前稳定多了。最明显的变化是，不再闹肚子疼了。”说到这里，郑强的母亲不好意思地笑了：“我知道，我也有了改变，我不再拿孩子的考试分数说事了。”

最后，我让郑强谈谈去上学的感受。郑强说：“真奇怪，在家里，越想越没有自信；等自己敢去上学了，也就重新找到自信了。”

我笑了：“一点也不奇怪，一个人的自信，就是在积极的行动中扎根的。为你加油！”

3.5

孩子的成绩一直下滑，他已经不想上学了，我们该怎么帮他？

—— 帮孩子处理好兴趣爱好和学习的关系

/ 心理困扰 /

初中男孩宏伟，学习好，品行好，人缘好，是大家喜欢的好班长。可是，从初二下半学期开始，他的考试成绩一路下滑，到了初三时，他已从原来的年级前 10 名，一路下滑到年级 120 多名，他甚至不想上学了。

这样一个好学生不想上学了，老师怎么能不着急？但是，老师和宏伟谈话，只是看到了宏伟的眼泪，却没有看清宏伟的内心。于是，老师不得不请家长来学校。

家长也是莫名其妙：孩子的成绩为什么一路下滑？孩子到底怎么了？但是，家长和宏伟谈话，也只是看到宏伟的眼泪。这让家长心里也没底了。

正是在这样的情况下，家长辗转找到我的联系方式，匆匆忙忙地预约来访了。

宏伟的父母说："孩子的成绩一路下滑是不是因为他懒得写作业？或者是因为贪玩，忙着玩游戏，不能把心思都放在学习上？又或者是因为早恋了？我们也猜不透，弄不懂，这次是他自己提议来做心理咨询的。"

在我接触的家庭教育咨询案例中，大多数是家长首先提议来访的。孩子主动提议来访，这让我感觉这个孩子非同寻常。

果然，在和宏伟单独交流时，我明显地感到宏伟确实不一般，他非常懂事，有礼貌、有头脑、有理想，比他的同龄人要成熟许多。我在心里画了个大问号：这样一个男孩怎么会出现成绩直线下滑的情况？

宏伟的求助意愿很强烈，他说：“初二下学期我就发现成绩下滑了，自己也感觉到了压力，努力做过调整。可是，成绩却一路下滑，最近的一次月考，竟然考到了120多名……但是，不是像他们说的那样，我不是因为懒，也没有贪玩，更没有早恋……”

我回应道：“那是为什么呢？”

“因为爱好，我就是放不下我的爱好……”

“爱好？什么样的爱好让你如此痴迷，成绩下滑还放不下？”

“怎么说呢？我的爱好很多，我喜欢动漫，喜欢唱歌，喜欢播音，喜欢主持……”

“这些爱好都不错。但是，这怎么就让你痴迷到严重影响成绩的地步？”

“我的这些爱好很有诱惑力，让我很痴迷。”

“具体说一说，让马老师也感受感受好吗？比如……”

“比如，我把画的动漫上传到网上之后，点击率很高。我一看到有那么高的点击率，甚至还有外国网民点击，您知道我什么感觉？”

“非常有成就感。”

“对，非常有成就感。”宏伟仿佛遇到了知音，热情明显高涨起来，“这样的成就感极大地激发了我的热情。以前我就是玩玩，从没想过靠这个挣钱，可最近居然有人要和我签订单。这更激发了我的热情。还有，我在网上办了一个个人电台，先录制节目，再传到网上去。没想到被很多网友点击，而且，还得到了专业播音老师的肯定，说我主持节目很厉害……”

“这让你更有成就感，更激发了你的热情？这样的热情之火越烧越旺，于是，你明明感到了学习下滑的压力，明明知道如此下去，考试成绩就会更糟糕，可就是控制不住自己……”

宏伟看着我，好久好久，语调低沉下来：“谢谢您懂我。这些爱好占去了我太多的精力和时间。比如画漫画，我有空就画，连下课的时候都要画几笔，画好了再扫描传到网上去。个人电台也要花很多时间……”

“每天要花去多少时间？”

“平均下来每天差不多要花两个小时，有时候还会更多。”

“所以，你现在很纠结，一面放不下自己的爱好，一面感到了学习成绩下滑的危险？”

“是，跟老师和家长又说不清楚，我真的不知道该怎么办才好了。”

/ 心理解析 /

很明显，宏伟的问题是没有处理好课余兴趣与课业学习的关系。

兴趣对人的某一方面的发展有始动、定向和调节作用。它可以推动人充满热情地认识、研究有关事物，从事有关活动，进而获得更好的发展。

正是兴趣这个好朋友，让宏伟充满了热情，让宏伟找到了成就感，让宏伟如痴如醉、欲罢不能。一个青少年能够有如此多的课余兴趣，是难能可贵的。但是，青少年往往处理不好课余兴趣与课业学习的关系。从人的发展的角度来说，如果把一个人的理想比作塔尖，这个人的基本素养就是塔基。如果把一个人的课余兴趣比作塔尖，那课业学习就是塔基了。塔基和塔尖有什么关系？塔基越大，塔尖才能越高。青少年若处理不好这个关系，就会产生心理冲突，从而影响其长远发展。宏伟就是遭遇了这样的心理困扰。

/ 心理对策 /

怎样帮助宏伟克服这个心理困扰呢？

我首先肯定了宏伟课余兴趣多的积极意义。然后，针对宏伟不想放任自流的心态，我启发道：“为解决这个问题，你自己想过哪些办法呢？”

宏伟回忆说：“我想调整时间，把这些爱好放到假期里去做。还有，我和朋友商量过实在不行就定期封号。总之是想过一些办法，但是，都不太管用。”转而又说：“有时候我想，要不就干脆这样干下去，将来当个主持人，或者当个画家……”

“你的办法不管用，你的成绩还在下滑，你知道这是为什么吗？”

宏伟疑惑地看着我，问：“为什么？”

“这是因为你的办法都是战术上的，你还没有做出战略上的调整。”

宏伟睁大了眼睛：“怎样做出战略调整？”

“我们以当主持人为例。”我说，“你知道一个优秀的主持人是怎样炼成的吗？在今天这个时代，即便是播音主持专业的大学毕业生也未必能成为一个优秀的主持人。假如你现在放弃学业，凭一个初中毕业证，你认为有人敢用你吗？没人敢用你又怎能梦想成真？你也许会说，我不要学历，我就自学成才。可你知道一个优秀的主持人要具备哪些基本功吗？这些基本功，有知识的，有能力的，有艺术的，有文化的，有身体的，有心理的，太多太多。假如你现在放弃学业，凭一个初中生的水平怎样练就这些基本功？没有这些基本功你又怎能梦想成真？再以当画家为例。你知道大画家达·芬奇吗？他除了是画家，还是雕刻家、建筑工程师、音乐家、数学家、军事工程师、发明家、解剖学家、地质学家、制图师、植物学家和作家。你看当个好画家哪有那么容易？”

看宏伟听得专注，我继续说道：“不错，今天确实也有人中学没毕业就取得了‘成功’，比如有些少年作家、少年歌手。但是，那只是在特殊领域里，而且就算在特殊领域里也是特例；况且，这些有特长的少年如果不及时补课，最终的发展也会受到局限。”

宏伟追问道：“这是为什么呢？”

我继续启发宏伟：“你知道金字塔吗？想想看，塔基的大小和塔尖的高矮是正比还是反比关系？”

宏伟想了想，肯定地说：“正比。”

“对。”我解释说，“没有足够大的塔基，怎么会有足够高的塔尖？所以，你现在关键是要在心理上解决好这个战略问题：中学时代，是直奔塔尖，还是先垫塔基？”

宏伟深深地点头：“知道了，我要先建好塔基，要为将来实现理想打好基础。”

我肯定地说：“对。先建塔基有很多好处：一是实现理想的可能性更大，你更有可能成为一个优秀的主持人或画家；二是实现理想的可能性更多，即便你没有成为优秀的主持人或画家，你也拥有了更多的成功机会。战略问题一解决，战术问题你就能解决了，是吗？”

沟通至此，宏伟看清了方向，面露笑容，一脸的阳光：“是的，对那些网络上的爱好，借用圈子里的话说，我要‘淡圈’。谢谢您！”

最后，与宏伟的父母沟通时，我对宏伟的心理困扰做了简要说明。宏伟的父母都长长地出了一口气：“原来是这样，这下我们就放心了。”

临别时，我送给他们一本我写的书《读懂青春期孩子的心》，希望对他们有所帮助。宏伟的父母感激地说：“谢谢您！以前都怪我们不知道孩子的心思。回去后我们一定好好读读您的书，以后争取读懂孩子的心。”

宏伟的故事让我想起一则寓言。大门上挂着一把沉重的铁锁。一个人走过来，拿一根铁棒连撬带砸，可不管用多大的力气，都打不开锁。另一个人走过来，拿出一把小小的钥匙，放进锁孔轻轻一转，“咔嚓”一声，锁开了。等两个人走后，迷惑不解的大铁棒问小钥匙：“为什么我用那么大力气都打不开锁，你轻轻一下就可以打开呢？”小钥匙回答说：“因为我能深入它的内心。”

宏伟的父母说得不错。成年人往往因为不能深入孩子的心，给孩子的成长造成了心理困扰，也给家庭教育带来了难题。

那么，我们怎样才能读懂孩子的内心？一是靠直接经验，就是多回忆一下自己的少年生活，多唤回一些自己少年时的经验。激活了自己少年时内心的直接经验，就更容易读懂孩子。二是靠间接经验，就是多读书，多读有关家庭教育的书，多读有关孩子心理成长的书。书中的间接经验，也能帮我们读懂孩子。

这次咨询后，不断有宏伟的好消息传来。在最近一次通话中，宏伟告诉我，他考进了自己向往的重点高中，他说他会继续努力，建好理想的塔基。

第四辑

为什么孩子跟同学关系不好也会影响学习？

孩子不爱上学，有时是由与学习不相关的因素造成的。

看完本辑中的案例您会发现，人际关系上的麻烦，也会让很多孩子不愿走进校园。

所以，我们应该透过现象看本质，看到孩子不爱上学背后的人际关系上的原因，进而引导孩子学会正确认识和处理人际关系。

4.1

刚开学两个月孩子就不愿去上学了，这可怎么办哪？

—— 让孩子免受第二箭之苦

/ 心理困扰 /

牛强是个男孩，上高一了。人如其名，他很牛、很强，凭实力考进了一所竞争激烈的重点高中。可是，刚刚开学两个月，一家人的高兴劲儿还没过去，牛强就赖在家里不去上学了。他向父母宣布："我要退学。"这句话弄得父母晕头转向：这孩子到底怎么了？这可怎么办？

牛强的父亲介绍说："牛强是个好学的孩子，初中的时候学习十分努力，家里的墙上贴满了奖状。但是，牛强是个犟脾气，总爱钻牛角尖，嗨，真是比牛还犟。上初中的时候，牛强有一次没考好，自己就没完没了地生气，两个星期都没缓过劲儿来。"

在与牛强单独沟通时，牛强这样描述自己考入高中后的心路历程：

"起初我确实很想家。我从没离开过家，开学第一天，刚到学校的那天晚上我就开始想家，我就趴在窗前朝家的方向遥望。开学后一段时间我都是这样，感到很孤独，很迷茫，很忧伤。结果那一阵子总学不进去，晚自习随便弄本杂志打发时间，真是度日如年。

"后来，我感觉不是很想家了，基本适应了新的生活。但是，我回想起刚入学的那段时间，心里越来越难受：我怎么能那样？我怎么会那样？我怎么就虚度了那么多大好的时光？我总想起上初中的时候，那时候我的状态很好，学习热情高涨，考试成绩总是班上第一，甚至有人说我是第一专业户。可是到高中后，我怎么会这样没出息？

怎么会因为想家而虚度大好时光？时光如流水，失去了那么多还怎么补回来？想到这些，我就更加悲观、失望，失去了目标，失去了方向，失去了学习劲头，更失去了对自己的信心，整天在痛苦中煎熬。没有希望了，还上什么学，我就想退学，家里不同意，我才提出要不就转学……”

听到这里，我问牛强：“入学之初你因为想家而耽误了学习，后来虽然适应了，但是，你总是为那段时间而追悔、自责、痛苦，越这样就越难进入学习状态，于是你就更痛苦了，是这样吗？”

牛强似乎终于遇到了知音，终于找到了一个能读懂他心思的人，他睁大了眼睛看着我说：“对，对，就是您说的这样。”

/ 心理解析 /

至此，我总算找到了牛强要退学的心理原因了。牛强的心态，让我想起了佛家“不受第二箭”的故事。

一天，佛陀问他的弟子：“未受过佛法教化的人，每天吃饭、劳作、睡觉，经历生老病死以及种种烦恼；受过佛法教化的人，一样每天吃饭、劳作、睡觉，一样经历生老病死和种种烦恼。那么，受过佛法教化的人和未受过佛法教化的人，又有什么区别呢？”他的弟子一时不知如何回答。佛陀是怎么解答的呢？大意就是，我们平时所经历的各种烦恼，就好像向我们射来的一支支利箭。比如，生病的人要承受身体的痛苦。而这个时候，人往往会忧虑，会担心自己的病不知什么时候好，担心自己耽误了工作，等等。这样，他所承受的就不只是身体上的痛苦了，而是在这个痛苦之上又添加了一重痛苦。如果说最初身体上的痛苦，是射向我们的第一箭，那么后来添加的痛苦，就是第二箭了。受过佛法教化的人和未受过佛法教化的人的区别就是：后者不受第二箭之苦。

我把这个故事讲给牛强听。牛强的领悟能力很强，故事刚讲完他就开口了："您的意思是说，我给自己制造了第二箭？"

牛强刚升入高中时，面对新的老师、新的同学、新的人际关系，出现了一定程度的不适应。这对牛强最初的高中生活产生了一些消极影响，这可以说是"第一箭"。由不适应到适应，这是一般的规律。许多学生经历过不适应的状态后，很快就把它忘掉了，积极地投入高中生活中了。但是，牛强却不是这样，他对入学之初的不适应耿耿于怀："我怎么会这样没出息？我怎么会因为想家而虚度大好时光？浪费了那么多时间还怎么补回来？"于是，他陷入无尽的追悔之中，越想越痛苦，越想越煎熬，终于在学校里坚持不下去了。这就是牛强给自己制造的"第二箭"。于是，最初的一个烦恼被他自己无限地放大了。牛强就是这样用自己制造的第二箭，打倒了自己。

/ 心理对策 /

我与牛强说了我的想法，牛强一个劲儿地点头，随后问道："我为什么会这样呢？"

很多人都会给自己制造第二箭。不过，牛强的问题如此严重，与牛强的性格不无关系。习惯给自己制造第二箭的人，往往性格上有偏差。比如，性格偏执的人，具有完美主义倾向的人，习惯钻牛角尖的人，往往思维不灵活，容易过于纠结于某个念头，把问题放大，也就容易让自己遭受第二箭之苦。牛强就具有这方面的性格偏差。我们看到，牛强由于自我期望过高，过于追求完美，不能接受失败甚至暂时的闪失，又有个犟脾气，性格偏激固执，爱钻牛角尖，对高中入学之初的不适应问题特别纠结，耿耿于怀、纠缠不休，于是让自己备受第二箭之苦。

因此，人生的智慧就在于如何让自己免受第二箭之苦。我们要学会接受生活中不完美、不如意的事。我们要学会正视并灵活地对待它们。这样，我们对生活中可能遭遇的第一箭有了足够的心理准备，心里也就会多一份坦然。即使一样有烦恼，有痛苦，也能学会放下，免受第二箭之苦。

牛强的确很有悟性，沟通至此，牛强表示要改变自己的性格，不再给自己制造第二箭，但是他对未来的学习生活还是缺乏信心。牛强刚刚回家两天，还没有对学习造成什么消极影响，只要他不再给自己制造第二箭，尽快从过去的烦恼中走出来，凭他的实力，未来有的是希望。我们就此做了必要的沟通，牛强表示回去后要好好想想。几天后，牛强的父亲打来电话，说牛强又回到了学校，一切顺利。

4.2

孩子总感觉同学想伤害她，这是怎么回事？
—— 帮孩子重新认识人际关系

/ 心理困扰 /

我刚刚送走电视台的记者，外地的一对母女便如约来访了。来咨询的女孩叫丽影，是个高三的学生，她已经好几天没去上学了，而且提出以后也不想上学了。关键时刻怎么能退学？家长一听吓坏了，反复劝说她不能这时候退学。反复沟通后丽影说："不退学可以，但一定要换班，我在原来的班级已经没法上课了。"

丽影到底遇到了什么问题？

丽影是这样讲述自己的故事的："读初三的时候，我的同桌和我们班上的几个女生总是伤害我，让我感到很不安全。我的同桌总爱打听我的学习情况。据说她在家里努力地学习，可在学校里，她却总引诱我去玩。下课的时候，一见我在写作业，她就说：'哎呀，学习这么刻苦哇！'我的同桌和另一个女孩还经常在下课时一唱一和地说我：'又学习呢？这么认真哪！''是呀，就这样人家还说考不好呢！'考试前，别人问我问题，我说我也不太清楚。她们就说：'考试考了第四名，还说不会，真虚伪呀！'就这样，我有一种被监视、不安全的感觉。说起来，我也很自私。她们越是这样，我就越不愿意让别人知道自己的学习情况，读书、写作业时常常有意无意地连捂带盖，怕别人看见。后来换了同桌，总算挨到了毕业。

"到了高中不久，我的同桌又和初中的那个同桌一样总盯着我。我好像重复了初中生活。我又有了那种被监视、特别不安全的感觉，而且这回更严重了。于是，我很少和别人交流，越来越不愿意在教室里学习了。每次一进教室，我就害怕她们又议论我。后来换了座位，我还是怕走进教室。所以我不想上学了，退学不成我才想到换班的。”

/ 心理解析 /

在我们的沟通过程中，丽影几乎没有拿出一个有力的论据来证实确实有人想伤害她。可以肯定，丽影的问题不是换班可以解决的。丽影不是遇到了什么实际的人际关系上的麻烦，而是陷入了一个关于人际关系的认知误区，即使换个班，也会很快“复制”出同样的故事。

丽影的困扰基本是她“自作多情”的结果。她在人际关系方面的认知误区是，她认为人和人之间的关系是互损的。事实上，人和人之间一般是不存在这种得失关系的，不是你少了他才多，你减了他才增，你矮了他才高，你瘦了他才胖，你退步他才进步，你笨了他才聪明。事实恰恰相反，人与人之间在许多方面都是可以互相促进、共同发展的，人际关系基本上是互利而不是互损的。过去，由于丽影存在认知误区，所以她对人就有十分严重的戒备心理，总是感觉别人和自己过不去，会损害自己的利益。

/ 心理对策 /

我们结合具体事例谈了很多。丽影对此有了较好的领悟，表示不再换班，要尝试和同学们重新接触和交往。在结束会话之前，我给她安排了两项自我调整的作业：一项是搜集证据，来证明人和人之间的关系是互利或互损的；另一项是自然地和同学们交往，将交往中的美好时刻记下来。

在和丽影的父母沟通之后，我感到他们都是很好的人，也很有文化和修养。然而，谈话中的一个细节引起了我的注意。几年前，丽影的父亲曾经借钱给别人，谁料到借钱的人事后竟然不认账了。可以想见，丽影的父亲该是多么怨恨借钱的人，该有怎样的一番议论感慨。成熟的人经历这件事后得出的结论是：有些人你不能相信。可是，听到这样的事后，孩子的结论常常是这样的：所有人都是不能相信的。原因是什么？因为孩子的概括是比较极端的。就是这样的概括，让丽影形成了对人不信任的态度。丽影在潜意识里，运用了投射作用这种心理防卫机制，把自己的心理投射到了别人身上，于是就常常觉得同学会伤害自己。所以，我对丽影的父母的建议是，通过生活实例，给孩子一种新的熏陶，让她重新认识人际关系，意识到人际关系主要是互利的。家长表示一定好好配合。

不久，丽影又来到心理咨询室，她和我交流了对人际关系的新看法。她说她找到了很多例证，得出的结论是人和人之间的确大部分情况是互利的。同时，她让我看了她记录的与同学相处的美好时刻。她告诉我，她在教室里不再感到那么有压力了。有时候，同学们的做法还让她很感动。她说，她有信心过好高三这一年。

4.3

孩子在学校里被同学孤立了，应该怎样和她谈？
—— 引导孩子进行自我反思

/ 心理困扰 /

心理咨询室里，一位母亲坐下后，先给我看了她女儿两天前发给她的短信："妈妈，我受不了了，我彻底被同学孤立了，我很难受，我想回家，我真的不想上学了……"

"事情是这样的。"女孩的母亲解释说，"女儿跟一个女孩关系很好，她们两个形影不离、无话不说。两个人在一起聊天的时候，那个女孩常常议论其他女同学，我女儿也就跟着说。比如，那个女孩说，谁谁好贪小便宜，我女儿就说：'对，上次她跟我借了两元钱就没有还。'那个女孩说，谁谁好在男生面前卖乖，我女儿就说：'对，那次我看见她跟一个男生说说笑笑……'

"就这样，那个女孩议论同学，我女儿就随声附和。由于两个人经常在一起，所以议论同学的情况也不是一次两次，被议论的同学也不是一个两个。后来，我也说不清是什么原因，反正女儿和那个女孩有了矛盾，两个人关系不好了。让人没想到的是，那个女孩恶人先告状，把她们两个在一起议论别人的时候我女儿随声附和的话，都给说了出去。不仅告诉了当事人，而且告诉了全班同学，我估计还会添油加醋。这下，全班的女生都对我女儿很不满、很排斥，都不愿意和我女儿一起玩了。

"女儿被大家孤立了，每天出来进去就她一个人，没有人和她说话，没有人和她同行。这样还不算，还有一些女孩奚落她、讽刺她。

女儿对我说，她现在很孤独，很害怕，很难受，简直要受不了了，上课也学习不进去了。我越是和孩子谈，孩子越不想上学了……”

“您说，在现在这种情况下，我该怎样帮助女儿？该怎样和女儿谈？”最后，女孩的母亲把问题摆在我的面前。

/ 心理解析 /

“您是怎么和孩子谈的呢？”我这样以问代答绝非踢皮球，我了解一下她和女孩交流的情况，能更好地帮助她找到解决问题的对策。

女孩的母亲说：“听了女儿的事情后，我跟女儿说，害人之心不可有，防人之心不可无，吃一堑长一智，以后记住教训吧。”

“这样和孩子谈了之后效果怎么样？”我问。

“没效果，不管用。而且，我看女儿的心情更不好了，她更难受了。”女孩的母亲愁眉苦脸。

我表示理解：“看来这样和孩子谈不行，那您还尝试过其他的方式吗？”

“我还和孩子说，要学会宽容别人，宽容别人的缺点，也要宽容那个同学……”

“这样谈的效果怎么样呢？”

“情况稍微好一些，但还是没有彻底解决问题，女儿还是心情不好……”

“那就是说，这样谈还不是很对症。”我启发她说，“那么，究竟该怎样和孩子谈才好呢？”

女孩的母亲说出了最后的一招：“我实在没有办法了，只好说，就怪你自己，你还不好受？！谁让你在背后议论别人？！”

“这样和孩子谈，效果怎么样？”我表示了强烈的关注。

“没想到我这么一说，女儿的心情反倒平静了。这不，她今天上学去了，我才到您这里来。”女孩的母亲不无困惑地说，“我起初怕这样责备她，她会受不了，没想到这样谈，她反而心情好多了。为什么前两种谈话方式没有什么效果，这样责备反而效果还不错呢？您说我以后该怎么跟女儿交流这样的问题？”

很明显，先前妈妈和孩子谈话效果不好，是因为妈妈没有考虑到孩子的理解方式。有时候，成年人说的话，从成年人的角度看可能没错甚至很有道理，但是，从孩子的角度来看却未必妥当。因为孩子听了成人的话后，可能会有与成人的预期完全不同的理解，孩子越小这样的情况越多。所以，这个案例给我们的启示是，成人与孩子说话一定要当心，要考虑孩子会怎样理解。

/ 心理对策 /

人们理解其他人的话，都离不开自己已有的经验，就是说，人们都是用头脑里的已有经验，对别人的话进行加工处理，形成自己的理解。孩子和成人年龄不同、经验不同，因而对一些话就会有不同的理解。

比如，女孩的母亲第一次的说法是“害人之心不可有，防人之心不可无”，这话原本不错，但女孩的理解可能是“人都是不可靠的”“是别人在伤害我”；第二次母亲的说法是“要学会宽容别人，宽容别人的缺点，也要宽容那个同学”，这话原本也不错，但女孩的理解可能是“说到底还是别人不对，还是别人不好”。

因此，女孩听了这两种说法后，仍认为是别人对不起自己，内心除了抱怨别人，根本不会自我反思。再加上母亲对女孩情绪的过度关注，也让女孩难以走出消极的情绪状态。

女孩的母亲最后的说法是“谁让你在背后议论别人”，这句话推动了女孩自我反思。女孩经常和同学在一起议论别人，很难分清谁先谁后、谁议论谁附和。即便她确实每次都是随声附和，也有不可推卸的责任，也有需要反思的地方。

女孩的母亲意识到并表达出这一点，也就带动了女孩自我反思，让她意识到自己的问题。而这种自我反思，常常是恢复理性、稳定情绪的重要心理前提。女孩就是在这样的心态下，调整了情绪，从而顺利上学。

看来，成人和孩子说话，特别是和小孩子说话，真的是要小心谨慎哪！

4.4

孩子是班长，但一想到自己那个班就烦，怎么办呢？
—— 让孩子学会怎样当班长

/ 心理困扰 /

文强是个男孩，上高二了。他是公认的好学生，学习勤奋，成绩优异，追求上进，严于律己。可是，最近他却在家里当病号不能上学了。几天来，文强在家里睡不好、吃不好，也不想说话，一说上学就心烦、头痛。

家长带他看医生，医生说他没有什么问题，建议休息几天。可是，文强在家里休息了好几天，状态却越来越不好。他总是心烦，每天烦躁不安，厉害的时候还连哭带闹。六神无主的母亲拨通心理健康中心电话的时候，已经泣不成声了："挺好的孩子怎么不能上学了？孩子别是精神出问题了呀，您快救救我们吧！"

这一天，文强如约坐在了我的面前。我从他的谈吐举止看出，他确实是个好学生，而且完全没有精神疾病的症状。可是，这样一个学生，究竟遇到了什么困难，竟不想上学了？对此，我们进行了更深入的沟通。

文强倾诉说："我就是心烦，一想到上学就心烦，想到我们那个班就心烦，想到我们班上的同学就心烦，特别是想到自习课上总有人说话就更心烦。一烦起来，就浑身不自在。我在学校里受不了了，只好回到家里来。"

我问："想到班上的同学就心烦？是指某个同学，还是指所有同学？"

文强说："所有的，想到我们班就烦。"

我问："是从什么时候开始这样的？"

文强说："从上高二以后。高一的时候我们班很好，同学关系也很好，上自习课也总是很安静。可是，高二重新分班后，我就到了现在这个班，起初没发现，后来越来越感觉它不如高一的那个班了。现在，我总是怀念高一的那个班，怀念高一的日子，那时候多好！可是现在，我一想到我们班就心烦……"

/ 心理解析 /

我问："为什么会这样？可以详细地说一说你在学校里的生活吗？"

文强回忆说："我学习成绩一直很好，所以，从初中到高一，我一直当学习委员，从高二开始当班长。班主任说，高中生不同于初中生，班干部不能凡事都等老师安排，要主动工作。我就想，当了班长，一定要努力把工作搞好。为了搞好工作，我努力团结同学，和大家搞好关系，平时总是主动和同学打招呼。但是，有些同学却对我爱理不理的。有一次课间休息时，几个同学在教室里说笑，我叫一个同学的名字，叫了好几声，最后还是一个同学告诉他，他才回应了我。类似的事情还有很多，这让我很郁闷。不久前又发生了一件事。一个男生在课上睡觉被老师叫醒，他和老师发生了冲突。当时那个同学的表现很不好，从那以后，我一想起那个同学就心烦。再加上自习课上总有人说话。慢慢地，我一走进教室就烦，想到自己这个班就烦。

"因此，最近我就不愿意去学校了，就请假回家了，身体也不好受了。可是，大家都在上课，我一个人待在家里，怎么受得了？我整个人因此变得烦躁不安，受不了的时候就连哭带闹了。我也不知道自己是怎么了，更不知道该怎么办。"

我回应说："如果马老师理解得不错，你不愿意上学，其实是在逃避这个班级环境，因为这个班级环境让你感觉特别不好，是这样吗？”

文强点点头，说：“我也知道自己没什么病，就是现在这个班的环境乱得让我受不了。”

我说：“其实，任何一所学校，任何一个班级，上自习课都难免有说话的现象。不信，你可以去问问你过去那个班的班长，也可以去问问现在学校中其他班的班长。你就会发现，每个班长都有烦心事，每个班都有这样那样的问题。你说呢？”

文强表示理解：“也是，哪个班长没有烦心事，哪个班上自习课没有说话的？看来，是我的心态有问题。那您说我哪里出了问题？为什么我现在受不了了呢？”

我继续谈自己的看法：“那是因为你现在的角色不同了。在同样的环境里，不同的人就会有不同的感受。你觉得过去的班级环境与现在的班级环境不同，其实在很大程度上是因为自己扮演了不同的角色，因此有了不同的感受。可以说，你的烦恼都是当班长惹的祸。”

文强陷入沉思：“您说这又是为什么呢？”

我解释说：“因为你刚当班长，还没有适应自己的角色变化。换句话说，还不知道该怎样当班长，还不知道班长该怎样和同学相处。于是，对班上出现的问题，你就会出现比较强烈的心理反应，并体验到过去不曾体验到的心烦意乱。

“与此相关的是，你的角色扮演有些过度。换句话说，你这个班长当得有点过了。这样，你遇到事情就容易反应过度。你主动跟同学打招呼，对同学关系特别用心，特别在乎同学是否积极回应，都是这种心态的反映。

“再往深里说，这又与你的性格有关。你是个严谨认真的人。这固然不是缺点，但是，你不能以你的标准来要求别人。‘水至清则无鱼，人至察则无徒。’日子长了，会让大家都疏远你。”

/ 心理对策 /

文强领悟了："是的，我也有这种感觉。那我该怎么办呢？"

我的建议是："重新学习怎样当班长。中小学的学生干部与成人社会的领导干部最重要的不同在于，学生干部有双重角色：既是班级的领导者，又是班级里的普通学生。

"所以，学生干部要清楚自己的角色，即学生干部首先是学生，学生干部只是老师的助手。换句话说，在中小学，一个班级工作的好坏，主要取决于班主任，而不是一个班长可以左右的。所以，班长当好班主任的助手就可以了。一旦你调整了自己对班长角色的认识，对班上的一些问题也就不会再反应过度，也就不会再把烦恼自我放大。"

文强到底是个悟性很好的孩子，他说："谢谢您，我知道该怎样当班长了。"

后来，文强的母亲告诉我，咨询后的第二天文强就去上学了，什么事儿都没有了。他母亲为此一个劲儿地感谢我。其实，任何人的改变都要靠自己的领悟和行动。

4.5

孩子总感觉有人骂她脏话，不敢上学了，该怎么办？

—— 引导孩子重建积极的自我意识

/ 心理困扰 /

王宏是个女孩，上初三了。眼看就要毕业了，她却不愿去上学了。她说是因为和同学闹了矛盾，怕见到同学。家长拗不过，也就同意王宏在家里自学。可是一段时间后，王宏竟不敢出门了，甚至连同学的电话都不敢接了。这样下去怎么行？

就是在这样的情况下，家长带王宏来接受心理咨询。

初步沟通后我了解到，困扰王宏的主要问题是她总是听到有人用脏话骂她。王宏曾和一个男生发生过冲突，结果这个男生纠集了几个人来羞辱王宏，用带有羞辱性的脏话骂她。经过老师的干预后问题得以解决，那个同学也当众承认了错误。但是从那以后，王宏就经常听到别人用那些脏话骂自己。

王宏说："现在我觉得越来越不对劲了，我总是很清楚地听到别人用那些脏话骂我。在家里是这样，在外边也是这样。那次在路上我经过一个男生的旁边，也听到他骂我脏话，可是我根本不认识他。我就纳闷，难道是我的同学散布了我的坏话？就这样，我不敢上学，不敢出门，不敢见人，也不敢接电话了。"

为了对王宏的问题进行深入的心理探究，我们进行了较多的沟通会话。王宏诉说了很多她与同学相处时的问题，但在我看来大多属于同学之间的逗笑或是恶作剧。

/ 心理解析 /

王宏总听到别人用脏话骂自己，这很明显是幻听。所谓幻听，就是实际上外界并没有声音刺激，人却有虚幻的听觉，是幻觉的一种。一说到幻听，不少人就会想到精神病。但是，是不是所有的幻听都是精神病的症状呢?

确实，幻听是精神病人常见的症状之一，尤其多见于精神分裂症。但不能说幻听必定是精神病的症状。幻听也可能由心理因素诱发，是心理障碍的一种表现。

有研究者认为，每个人都可能会发生幻听，特别是当人感到压抑的时候更容易发生。比如，那些刚刚失恋的人，悲伤中很可能会听到曾经恋人的声音。在心理咨询实践中，我也发现心理功能的暂时性局部紊乱，可能会引起感知觉功能的异常，从而导致幻听。诸如此类的幻听，当然属于病态心理，但它不属于精神疾病。

精神疾病是以严重的精神功能紊乱为特征的一组疾病。患者的认知、思维、情感反应、意志行动、社会交往等方面的能力，均受到严重的损害，以致不能与现实保持恰当的接触，需要住院治疗和受到监护。世界卫生组织公布的《国际疾病分类》(第9版)中，对精神疾病的定义是：精神功能严重受损，自知力严重缺乏，不能应付日常生活要求或保持对现实的恰当接触。因此，不能单凭幻听就把病人诊断为精神病人。精神病诊断必须综合各方面的症状，包括思维障碍、情感障碍、意志障碍、自知力缺乏或丧失等。

看看坐在我面前的王宏，思维情感和行为举止没有任何异常，语言交流没有丝毫障碍，自知力也完全正常，除了幻听，没有任何精神病迹象。而且，家长也带孩子做过精神科检查，没有发现精神疾病。很明显，王宏的幻听并不是精神病的症状。

那王宏的幻听究竟是怎么回事?

我问王宏：“如果马老师猜得不错，你说的那些同学都是男同学，对吗？”

王宏说：“您猜得对，我就是怕男生，特别怕男生说自己不好。那些骂人的脏话最初也是出自一个男生之口，当时我心里难受极了，感觉羞愧、紧张、无地自容。”

为了进一步诊断，我们进行了意象对话。所谓意象对话，就是用想象中的意象进行交流，通过意象进行心理诊断和治疗。人想象中的形象往往具有象征意义，这就是所谓的意象。意象可以反映人的意识或潜意识中的心理活动。王宏的意象中有两点值得注意。一是她的意象中出现了五颜六色的花和在花朵上盘旋的蝴蝶，这反映出了她青春期的性心理活动：一方面有对两性吸引的需要，另一方面是对两性吸引的排斥。二是她在意象中看到镜子里的女孩又瘦又小，表情悲伤，这象征她消极的、否定的自我意识和自卑心理。

现在，我可以断定王宏的幻听不是精神疾病，而是心理障碍，是由心理功能受到严重刺激后产生的暂时性紊乱引起的病态心理，是心理压力超重造成的。

王宏是初中生。这时候的青少年自我意识非常强，很在意自己的形象，特别是自己在异性同学眼里的形象。而且，处于这个年龄段的女孩的自我意识往往是消极的、否定的，所以，她们容易把自己想象成丑小鸭，既希望接近异性，又怕异性不喜欢自己。如果再有直接来自男孩子的否定评价，女孩就更容易否定自己。王宏就是这样，男生的种种玩笑和恶作剧，激活并强化了她的自我否定意识，让她的心理压力过重。带有羞辱性字眼的脏话，超出了她的心理承受范围，冲垮了她的心理防线。那几句脏话成了一种自我否定的标志，时常萦绕在她耳边，于是她出现了幻听。

人的感情如果长期处于压抑状态，就会引起心理功能的紊乱，他对周围的刺激会更加敏感，致使大脑无法对接收的信息进行正确整理，这就可能造成感觉的错误，他就会出现幻听等幻觉。另外，以前的客观声音刺激在大脑中留下的深刻痕迹也会引起幻听。就是说，王宏的幻听确实来源于男生那句骂人的脏话刺激她的大脑后所留下的信息。心理功能正常的人，这种遗留的信息只会成为思考时的素材，而不再是听觉信息，因此也不会再引起听觉。可是，心理受到过严重刺激的人，在心理功能发生暂时性紊乱的同时，听觉中枢也会发生紊乱，于是，留存在大脑中的声音信息被激活，人仿佛又接收到了听觉信息，从而出现幻听。

/ 心理对策 /

鉴于王宏的幻听是由心理压力导致的心理障碍，而非精神病症状，我与王宏的家长经过协商确定了解决方案，主要从以下几个方面进行心理疏导。

第一，沟通交流，认知领悟。

认知领悟对心理功能的恢复是十分重要的。我首先向王宏的家长解释了王宏幻听的性质和缘由，使王宏及其家长消除了顾虑。此外，我还单独和王宏就自我意识、人际互动、青春期性心理等进行了交流，使王宏领悟到，她怕别人骂自己是因为她不能接纳自己，因此，要解决幻听的问题，她需要学会接纳自我，以包容的态度与他人交往，同时，还应接纳自己的性心理体验。王宏在成长日记里，记录了她的领悟过程。

第二，改变封闭的状态，增加与他人的交往。

王宏不敢出门，不敢接听电话，这些行为是自我封闭心态的表现。王宏只有改变自我封闭的状态，增加人际交往，才能切身感受到大家是接纳她的，她才能建立起积极的自我意识。因此，我建议王宏主动增加与同学的交往。第一步，如果同学来电话要热情地接电话；第二步，主动地和同学多沟通，多打电话，多联系；第三步，把同学请进家里进行交流；第四步，走出家门找同学一起活动。在这个过程中，家长要及时给予鼓励和支持。反馈信息表明，王宏逐步实现目标，而且自我感觉逐渐好转，内心安全感逐渐增强。

第三，提升自我，增强自信心。

我需要帮助王宏逐渐去除自我否定意识，克服自卑心理，增强自信心，重建积极的自我意识。为此，我从以下几个方面进行辅导。

一是通过意象对话提升自我。我在意象对话过程中，对王宏进行了积极的引导。比如，经过我的引导，王宏想象中盘旋的蝴蝶落在了花朵上，这说明她已经接纳了自己的性心理，一定程度上消除了自卑心理；又如，经过引导，王宏想象中镜子里的女孩有了笑容，有了风采，这说明她已经开始建立积极的自我意识。

二是通过自我评价增强自信心。在咨询会话中，我引导王宏进行口头自我介绍，连续进行了三次，逐渐增加积极的内容。我建议王宏回去后继续写成长日记，以书面表达的方式做正面自我评价。

三是通过家长评价增强自信心。在王宏重建自信心的过程中，我要求家长积极配合，多给王宏肯定评价，以强化她的自信心。

反馈信息表明，随着王宏积极自我意识的逐步形成，她的心态越来越放松，幻听症状逐渐消失，她又重新走进了校园。

第五辑

孩子不爱上学，会找哪些借口？

从本辑的案例中我们看到，有时候，孩子不愿去上学，是想要减轻心理压力，进行自我心理防卫。

什么叫自我心理防卫？孩子的自我心理防卫有哪些表现？我们能给孩子提供哪些切实有效的心理支持？

让我们在本辑中寻找答案。

5.1

孩子一上学就生病，这可怎么办？
—— 引导孩子不再“扮演病人”

/ 心理困扰 /

安琪 11 岁了，是个漂亮、活泼、能说会道的小女孩。她本该快乐地生活在校园里，但她却已休学半年多了。安琪为什么休学？因为她得了一种奇怪的病：一上学就肚子疼、呕吐，甚至神情恍惚，又哭又笑……

安琪最初出现这些症状是在上三年级的时候。她起初只是肚子疼，母亲以为她是在装病。后来，安琪的症状加重了，不仅肚子疼，还开始呕吐。母亲这才感到孩子可能真的病了。于是，每次孩子犯病，母亲都赶紧把孩子接回家，百般照顾，百般呵护，哄劝，安慰，买好吃的，做好吃的。让人奇怪的是，安琪每次犯病后，只要一回到家，很快就好了。待在家里就没事，一去学校就犯病。再后来，安琪犯病更频繁了，病更严重了，甚至不能上学了。一天早上，母亲把安琪叫了起来，让她准备去上学，可一转眼的工夫安琪又躺到了被窝里。等母亲再来叫她起床的时候，安琪开始对母亲又哭又笑。安琪的母亲可吓坏了。

就这样，安琪上五年级的时候，不得不休学离开校园。她每天待在家里无所事事，只是吃饭、睡觉、看电视，第二天很晚才起床，又是吃饭、睡觉、看电视。母亲为了陪孩子也这样待在家里。这期间，父母带安琪跑了好多医院，甚至去过北京的医院，也没查出她身体有什么毛病。

安琪就这样长期闷在家里，离开了校园，离开了丰富多彩的世界。安琪的父母也意识到了问题的严重性，在困惑和无奈之下终于与我取得了联系，预约来访。

安琪的怪病究竟是怎么回事?

/ 心理解析 /

原来，安琪是个养女，在出生后就被人抱养。但养母对她比别人对自己的亲生女儿都好，所以安琪并不知道自己的身世。由于没有母乳，小生命全靠母亲用奶粉一点一点喂养大。

安琪的母亲也说:“孩子那么小就抱来了，怎么不让人心疼?我每天都是小心再小心，细心再细心，孩子身体有一点不舒服，我就不知道该怎么办才好。孩子长大后，她有一点头疼脑热，我还心疼得要命。”

亲友们都知道，安琪的母亲对孩子可以说是百般呵护、千般疼爱、无微不至，比亲生的还要疼上十倍百倍。但是，在学习上，母亲对孩子的要求很严格，给孩子的压力很大。

安琪上三年级的时候，家里发生了变故——父母离婚了。不久，安琪的父亲再婚了，安琪不能再像从前那样去奶奶家了。大约就是从这个时候起，安琪开始出现上述症状。之后，安琪干脆就不去上学了。后来，安琪有了新爸爸。新爸爸特别疼爱安琪。但是，安琪还是不愿去上学，还在家当病人。

此刻，坐在我面前的安琪没有一点病态，她眨着一双会说话的大眼睛小声地对我说:“每次我犯病的时候，妈妈都非常着急、害怕，说话也变得结结巴巴的，有时候都急哭了。每次妈妈把我从学校里接回来，她都赶紧让我躺在床上，给我盖好被子，甚至搂着我，不知道该怎么做才好。新爸爸也把我照顾得无微不至。每到这个时候，我就感觉真温暖，真舒服，真好！”安琪说到这里，幸福地笑了。

至此，我找到了安琪问题的心理根源。心理学将这种现象称为躯体化现象，就是人遇到某些心理压力或心理困境的时候，会把心理问题表现为一些躯体上的症状。通俗地说，就是心病跑到了身体上。躯体化现象都是潜意识里的活动，所以，安琪不是在装病，是不知不觉地在“扮演病人”，从而减轻心理压力。就是说，躯体化现象也是一种自我心理防卫。

那么，人的心病为什么会跑到身体上？因为我们的文化中有一种明显的“重视身体轻视心理”的倾向。我们的祖辈生存条件太差了，所以不得不首先重视自己的身体，首先解决生存问题。如今，虽然许多人的生存条件改善了，却仍然难以摆脱这种倾向。因此，心理问题容易被人疏忽和误解，身体生病了就会得到人们更多的关注和理解。于是，心病也就容易跑到身体上。再有，心病跑到身体上，还会得到平时得不到的一些“附带好处”，比如家人的关照、困境的回避、责任的放弃等。但是，从长远来看，这种“好处”是暂时的，结果只能是使心理问题不能得到及时调整，甚至被强化，给身心健康带来长期的消极影响。

由于安琪的身世特殊，母亲对孩子的身体给予了过分的关注与呵护，甚至到了敏感的程度。母亲的敏感诱发了孩子的敏感。这是安琪容易出现躯体化反应的心理背景。三年级是一个转折期，有些孩子因为各种各样的原因，不能很好地适应这个转折期，从而出现学习上的滑坡。安琪的母亲对安琪的学习期望过高，容易对安琪构成心理压力。恰在此时，安琪的父母离异，这无疑会加重安琪的心理压力，让幼小的心灵陷入难以面对的困境。

于是，安琪不自觉地躲到疾病里来逃避困境，而且，她通过生病成功地保护了自己：不管大人们的关系如何改变，谁也不能忽略对她的关爱。她得到了父母特别是母亲的过度照顾和逃避上学等“附带好处”，这进一步强化了这样的躯体化反应，使其形成了惯性。于是，只要“需要”，她就会“犯病”。

/ 心理对策 /

安琪的求助愿望很强烈，她知道自己总这样待在家里当小病人不行，自己必须尽快回到学校。为了帮助安琪积极自救，让她不再扮演病人的角色，我首先要帮助她调整认知。

我用安琪能听懂的语言，具体地解释了躯体化现象，让她确信自己的身体没有病，只要勇于战胜自己，就能重新回到学校。我还列举了许多类似的战胜自我的案例。

安琪听说自己的身体没有病，可以回到学校，眼睛亮了起来，人也精神了起来，大声说：“我也能战胜自己，我明天就去上学，再生病也要坚持上学。”

战胜自我是需要相当顽强的毅力的。为了让安琪做好心理准备，我列举了她可能会遇到的困难，最后我们约定：坚持，坚持，再坚持。

随后，我与家长进行了进一步的沟通。安琪的母亲看清了孩子的问题，也看到了解决问题的希望。安琪的母亲表示，一定好好配合治疗，矫正孩子的心理问题。

解决了认识问题，接下来就需要进行行为矫正了。这需要家长和孩子共同努力。一是孩子不要以生病为借口逃避上学，二是在孩子生病的时候，父母不要给予特别的关爱。

通常，对这类心理障碍，越早进行心理干预，越容易见效。安琪已经半年没上学了，能克服这个障碍吗？说实话，我心里没底，好在安琪的年龄尚小。一般说来，年龄越小这类问题越好矫治。果然，一周后一家人再次来访的时候，安琪已经能够在学校里正常学习了。

安琪的母亲说：“为了配合您进行治疗，我这回下了狠心。第一天到了上学的时间孩子又生病，我没理她，最后她乖乖上学去了。第二天又是这样，我还是没理她，她最后也乖乖去上学了。第三天病情有些严重，我仍旧没去接她回家，她也坚持了下来。奇怪的是，她第四天就基本恢复正常了。孩子在学校里生病，都是老师在电话里告诉我的，她自己回家一个字也没提。”说到这里，安琪的母亲流下了眼泪，“我知道孩子也不容易，可不这样狠狠心，哪有今天的治疗效果呀！”我知道安琪的母亲付出了很多努力，对此我给予了充分肯定。

安琪不对妈妈说自己在学校里生病的情况，说明她在顽强自救，在顽强地跟疾病抗争。果然，我和安琪单独交流的时候，她说：“第一天上学，我刚到学校就开始反胃，跑了几次卫生间后，我受不了想回家。这时我想起了和您的约定，就坚持了下来。第二天上学时还有点反胃，我就继续坚持，比第一天容易多了，到最后一天就没事了。还有，我已经不用妈妈接送了。对了，明天是周末，有几个同学还要来我家里玩呢。”说到这里，安琪快乐地笑起来，她沉醉地说：“原来在学校里和同学们在一起，比一个人待在家里好上一万倍。以前，越是待在家里，越是不敢出门，想到学校就有压力，怕同学们议论自己，老师指责自己。其实，在学校里挺好的，真的。”

为了增加安琪的成就感，强化这种战胜自我的正面行为，我和安琪一起总结了她的成功经验：走出家门回到学校，是第一个成功；在学校里生病的时候没找妈妈接她回家，是第二个成功；不用妈妈接送，自己独立上下学，是第三个成功；和同学们成了好伙伴，是第四个成功……真是太棒了，刚刚几天的时间竟有这么大的进步。

安琪兴奋得几乎跳起来：“太谢谢您了，我会继续努力的！”

安琪应该感谢自己和妈妈。也许，安琪还有反复，但是，只要继续自救，她的校园生活就会洒满阳光。

5.2

孩子总说学不进去，她到底是怎么了？
—— 帮孩子拆除自己设置的障碍

/ 心理困扰 /

这一天，一个女孩在父母的陪同下来到心理健康中心。女孩的父母介绍情况说：“孩子上初中的时候成绩很好，学习也非常努力，靠自己的实力考入了重点高中。可是这学期期中考试之后，她就学不进去了。孩子学习总是不努力，不专心，没兴趣，总想玩 —— 想玩电脑，想听音乐，想看电视，甚至不想上学了。妈妈着急时批评了她，她说：‘我就是学不进去。’不知道这孩子到底是怎么了？”

随后，我和女孩进行了单独交流。女孩也比较坦率：“我的问题就是学不进去，不努力，不专心，没兴趣。我怎么变成这样了呢？”

女孩回忆说：“从小，妈妈对我要求非常严格，我学习也一直很努力。到了初中的时候，我经常是班里的第三名，初三时还连续几次考了第二名，与第一名有时候仅仅差一两分，现在想起来还挺郁闷的。不过，中考时我还是考入了重点高中。升入高中后，我第一学期状态挺好的。可是，到了第二学期，应该说是第二学期期中考试之后，我就觉得有点学不进去了，对学习没有了兴趣。学校放学后我们自由支配的时间比较多。但我只想玩电脑，听音乐，看电视，翻闲书，就是不想学习。为此，妈妈经常说我：‘你就是学不进去，就是不努力，不专心。’上次考试没考好，妈妈又批评我：‘谁让你学不进去，谁让你不努力，天天就知道看电视！’当时我也很烦，就说：‘我就学不进去，就不努力，就看电视……’从那以后，我越发感觉自己学不进去了，而且有时候好像是故意的。我是不是病得很重？”

至此，我心里有了初步的判断，但还需要验证。于是，在第一次会话将要结束时，我说：“不必担心，你没有病，更谈不上病得很重，你只是有一个心理上的结。为了更好地帮助你，我们需要弄清一个问题：你刚才说了那么多学不进去的情形，难道就没有学得进去的时候吗？”

/ 心理解析 /

第二次来访时女孩回忆说：“我回去想了想，我也有过专心学习的时候，特别是受到激励之后，当晚就可以学得进去了。一学进去，就什么都忘了，什么干扰都没有了，学的时候很努力、很专心。但是，一两个小时过后，我就又去看电视、听音乐了。之后虽然还能再继续学习，却没法那么专心了。”

我说：“我们先不说‘但是’，有一点可以肯定，你学习的时候可以非常刻苦，全神贯注。就是说，你也学得进去，是这样的吗？”

女孩想了想，说：“可以这样说。”

“那么，为什么说自己学不进去，甚至有时候故意学不进去？”

“那次考试成绩下滑，妈妈就是这样批评我的，说我学不进去……”

“妈妈正好说对了你的心思，是吗？”

“是的，我感觉妈妈正好说中了。”

“初中的时候你经常是班里的前三名，到了高中你的名次怎么样呢？”

“刚上高中时很辉煌，是前 3 名，后来落到前 10 名。再后来，名次继续下滑，第二学期的期中考试考得最差，考了 20 多名。眼看又要考试了……”

“你很担心名次再下滑？”

“是，是很担心，我这个人比较争强好胜，真的很担心……”

“而且，你还隐约感到，自己似乎难保过去的辉煌，是这样的吗？”

女孩一愣：“您怎么知道？！”

我笑而不答，继续问道：“你是不是经常为成绩下滑找原因？”

“对呀！”女孩仿佛遇到了知音。

“于是，你就把妈妈的话做挡箭牌，觉得成绩下滑是因为自己学不进去，没兴趣，不专心，不努力，这样一来心里就感觉……”

“心里就感觉压力小多了。学不进去，不努力，成绩怎能不下滑？”

“这样一想，似乎自己就找回了……”

“找回了面子。”女孩抢过话头，有所领悟地说，“原来，我总说自己学不进去，不努力，不专心，没兴趣，是在给自己找借口哇？”

女孩的心理问题，在心理学上叫“自我设障”。所谓自我设障，说的是人面临某种没有把握的结果时，常常会自己事先给成功设置一个障碍，也就是给自己预备好托词，来进行自我心理防卫。比如临近考试了，有些学生却不努力学习了，或者说自己生病了，这里的“不努力”“生病”，就是自己给自己设置的一个障碍。在成人的生活中，也常常会出现这样的情形。

自我设障可以起到两方面的心理作用：如果事情失败了，他就有了自我安慰的借口；如果事情成功了，他就会获得别人更多的赞许。自我设障往往是后天习得的，跟家庭教育、环境影响等密切相关。比如，父母、老师或长辈对孩子不客观的评价，很容易让孩子找到自我设障的借口。上面的案例中，就是由于家长对孩子期望过高，对孩子的名次下滑做了不客观的归因，导致女孩以“学不进去”来自我设障。由此说来，成人对孩子的评价应当慎之又慎，特别是不能随便把对孩子的一些消极评价说出口。

我与女孩沟通了上面的意思，我肯定地说：“你领会得很好。妈妈把你的考试名次下滑，简单地归因为你学不进去，不努力，不专心，没兴趣。妈妈的这个说法，让你找到了理由，而且这个理由也让你很有面子。于是，你认可了这个说法。其实，你能够专心学习两个小时，说明你并非学不进去。但是，面对考试名次的下滑，你宁愿让大家觉得这是因为你学不进去。这样你就给自己设置了一个障碍，也就是找到了一个借口：我是因为学不进去成绩才下滑的。这是一种自我心理防卫，可以减轻一些心理压力，得到一些暂时的心理安慰。但是，长远来看，这并不能解决问题，而且，这样的想法还会成为消极的自我心理暗示，导致恶性循环。”

/ 心理对策 /

我给女孩提了三条建议。首先，调整自我认知。其实，从初中升入高中后，由于学生群体不同了，即使大家还是一样地努力，多数同学的名次都会下滑，这是不难理解的。所以，坦然面对这个事实，适当降低自我期望，会让自己的心灵多一些安宁，这样反而会提高学习效率。其次，多给自己积极的自我暗示。彻底扔掉“学不进去”这个借口，而要经常这样默念：我学得进去，我很努力，很专心，也很有兴趣。这样就会进入良性循环。最后，分解目标。比如，把一个晚上的学习任务分解为几个小任务，如果能够高质量地完成，就适当给自己一个奖励。

解决女孩的问题还需要父母的配合。我跟女孩的父亲说，一是不要对孩子抱有过高的期望，二是不要再说孩子成绩下滑是因为孩子学不进去，三是在孩子专心学习的时候及时给予鼓励。告别的时候，女孩的父亲表示，回去一定要向孩子的妈妈好好转达这个意思，他们一定会好好配合。

不久，那个女孩通过心理咨询专线告诉我，她已经彻底克服了“学不进去”的障碍，那三条建议很管用，现在她的学习状态越来越好。我为女孩拆除了自设的障碍而感到欣慰。

生活中偶尔地自我设障，没有太大的问题，或许还可以暂时缓解心理压力。但是，习惯性的自我设障，不利于发挥人的潜能，甚至会导致人生最终的失败。

5.3

孩子每次都会因生病而缺考，这可如何是好？——引导孩子变消极防御为积极应对

/ 心理困扰 /

这一天，我接待了一家三口的紧急来访。

女孩妮娜是高一新生，她在考试时遇到了麻烦。前两天，学校里刚刚进行了期末考试。考试的头一天，妮娜就开始生病，先是肚子疼，后来是头疼。父母给她量了一下体温，38 度多，当即让她吃药。稍后再量体温，已经正常了。父母心想，这样休息一个晚上也就好了，第二天就可以参加考试了。让父母非常意外的是，到了第二天早晨，妮娜却起不来床了。平时妮娜起床都是爸爸连哄带劝，可这一次却不好使了，无论爸爸怎样哄劝，妮娜就是不起床，她说自己头疼、肚子疼，头昏昏沉沉的，上不了学了。最后，爸爸终于耐不住性子了，对女儿大叫："你别给我装了，你给我滚起来！"从来没有见过这阵势的妮娜，哇的一声大哭起来，用被子蒙住头，干脆不起床了。

妈妈见爸爸真着急了，赶紧过来，又哄劝了一阵子，妮娜终于答应起床了。可是，她摇摇晃晃地总算穿上衣服，刚一下床就站立不住，险些摔倒在地。这时候，妈妈才发现女儿神志不清，口齿不清，整个人昏昏沉沉、摇摇晃晃的。不好！妈妈脑子里闪过一个念头：孩子是不是得了精神病啦？

下午，妮娜的状态有所好转，爸爸把她送到了学校参加了后面的考试。无论如何，第一场到底还是缺考了。缺考就缺考吧，现在妮娜

的父母已经顾不上这些了，现在他们担心的就是女儿是不是得了精神病。但让父母感到奇怪的是，医生没有检查出妮娜有任何毛病。孩子到底是怎么回事？

原来，妮娜升入高中后，除了第一次考试各科都参加了，其余每次考试都会出点毛病，都有缺考科目。更奇怪的是，每次考试生病的情况，妮娜好像都不记得了。但是，有一点她是非常清楚的，那就是自己除了第一次考试之外，其余每次考试，都有缺考科目。

妮娜为什么会这样？原来，妮娜上初中的时候学习成绩很好，一直是尖子生，在六七百人的年级里总是排在前 30 名，在班里一直排前 5 名。她在兄弟姊妹中也是学习最好的。无论是在家里还是在学校里，大家对妮娜都如众星捧月一般。父母更是对妮娜抱有很高的期望。中考的时候，妮娜凭自己的实力考入了当地的一所重点高中。

妮娜说："可是，我上高中后的第一次考试，就考了班里 30 多名，这给我的打击太大了，几乎让我绝望！我怎么对得起爸爸妈妈的期望啊！看到爸爸妈妈失望的眼神，我就更绝望了！我怎么办哪！就这样，第二次考试没考完我就病了。考试结束后，我像等着判刑一样等着可怕的名次，没想到等来的考试名次表中没有我的名次。这时候我才知道，因为我缺考了，所以学校没有统计我的成绩，自然就没有我的名次了。当时，我居然有一种说不清的如释重负的感觉。好像就是从那以后，每次考试我都会生病，都会起不来床，都会缺考……"

/ 心理解析 /

现在大家可以看清，妮娜是在运用鸵鸟策略进行自我心理防卫。

据说，鸵鸟被敌人追赶而难以逃脱时，它的对策是把头埋进沙子里，这样就什么也看不见了，也就暂时逃避了心灵上的痛苦。人有时候也会这样，在遇到自己难以面对的心理困境时，为了让心里不那么痛苦，会采取种种方式，来回避眼前的困境。由于这和鸵鸟面对困境时的对策差不多，于是，心理学家把这种自我心理防卫机制称为“鸵鸟策略”。

妮娜的情况就是这样。她上初中时成绩名列前茅，上高中后考试名次却明显下滑。在妮娜心里，这是很难面对的一个困境。而一次偶然的缺考，让她找到了一条逃避困境的出路。于是，她很快就“学会”了这个策略，每次总会因生病而缺考。当然，这是潜意识中的活动。正是由于这是潜意识中的活动，妮娜本人并没有清晰的记忆。这样的鸵鸟策略，让妮娜可以暂时逃避成绩下滑的困境，起到了自我心理防卫的作用。

/ 心理对策 /

怎样帮助妮娜？

第一，我对妮娜本人给予了心理支持。为了帮助妮娜正确面对学习和考试，变消极防御为积极应对，我们进行了较多的交流。交流的重点是帮助妮娜正视学习问题，正视考试。一是正确对待初高中的落差，认识到在高中的考试名次不如在初中的是正常现象。二是正确对待考试结果，认识到越是理性对待考试结果，越没有心理负担，越容易考出高水平。三是正确对待自己，认识到只要重新建立自信，继续努力，迎难而上，一定能取得好成绩。

第二，我对妮娜的父母也给予了心理支持。妮娜的父母应放弃过高的期望。父母对孩子的期望过高，是导致妮娜出现问题的重要原因。因此，父母要放弃过高的期望，从内心接纳孩子，接纳孩子本来的样子。这有助于缓解孩子的心理压力，增强孩子的信心。同时，父母应放手锻炼孩子。妮娜面对考试采取逃避策略，与其心理脆弱、缺乏面对困难的勇气有关，而这又与父母的过度呵护直接相关。因此，父母不要再过度呵护孩子，在孩子生病的时候，也不要给予太多额外的好处，而应该尽可能地放手锻炼孩子，培养孩子面对困难的勇气。在孩子表现好的时候应多给予鼓励和关注。这样做，有助于妮娜摆脱困境，正视学业和考试。

5.4

为什么快要高考了，孩子却不想去上学了？
—— 引导孩子放弃极端化思维

/ 心理困扰 /

毕胜是个男孩，上高三了。眼看就要高考了，在这关键时刻，毕胜却要放弃学业，已经在家几天不去上学了。初步沟通后，我了解到毕胜是一个严谨认真、努力向上的男孩。

这样的男孩为什么会不想上学了？

毕胜说："我对学校生活感到厌烦了，反感了，觉得一点意思也没有。我不认为非得上大学才有出路。本来上高中就不是我自己的选择。我的中考成绩不够高中的正式录取线，但父母希望我上高中，我也就勉强同意了。我知道家人对我的期望很高，希望我考一个好大学。我自己也想，既然上了高中，就必须考出个好成绩，考个好大学，并下定决心，拼命苦学。入学的时候，我在年级中排 590 多名，第一次考试考了 540 多名，前进了几十名。我看到了希望，给自己定了下一个前进的目标，自己给自己加压，更加拼命苦读。高二的时候我选择了理科。可是，我付出了那么多，最近一次考试却后退了几十名，滑到了 420 多名。这下我心里全乱了，也听不进去课了。如果不是因为家人不同意，我早就退学了。我不认为非得上大学才有出路，我不上学了也一样可以找到出路……"

/ 心理解析 /

有一个寓言故事说，一只狐狸看见葡萄架上挂着晶莹剔透的葡萄，口水直流，想要摘下来吃，但又摘不到。狐狸看了一会儿，无可奈何地走了，边走边安慰自己说："这葡萄没有熟，肯定是酸的。"

在生活中，当愿望不能得到满足时，人也会像寓言中的狐狸吃不到葡萄说葡萄酸那样，贬低得不到的东西，这是人的一种自我心理防卫机制。心理学上就借用这个寓言故事，把这种自我心理防卫机制称为"酸葡萄心理"。

回到毕胜的故事中来，很明显，是否只有上大学才有出路，并不是毕胜真正关心的问题，他的真实心态就是"吃不到葡萄说葡萄酸"，是因自己感到考大学无望而采取的一种自我心理防卫。

毕胜理解了这层意思："是的，当初家里花钱让我上高中，期望很高。可到了高三，我的成绩却下滑得这么严重，我感觉考大学的梦想好像一个肥皂泡，现在彻底破灭了……"说到这里，毕胜连连摇头，唉声叹气。

毕胜心中的梦想破灭了，这是他不断给自己加压的结果。他感觉自己没有希望了。现在，心理援助的关键，是帮助毕胜重新找到希望。

怎样帮助毕胜重新找到希望呢？由于毕胜的问题主要是认知出现了偏差，因此，我从帮助毕胜调整认知入手，有了下面的交流。

/ 心理对策 /

我引导毕胜算了一笔账："高一时你考了 540 多名，当时全年级有多少人？这次你考了 420 多名，现在全年级理科班有多少人？"

“高一的时候全年级有 750 人，现在全年级理科班有 630 人。”

“把你感觉很糟糕的这次考试和你感觉很成功的那次考试比一比，想想看有什么新发现？”

毕胜沉思片刻：“这两次考试我的名次都差不多，我后面都是还有 200 多人，总的来看我没有退步。”毕胜第一次抬起了头，“就算没有退步，可您知道我付出了多少努力吗？怎么还是没有进步，没有效果呢？”

“怎么没有效果？”我顿了顿说，“你知道逆水行舟吗？”

“知道，逆水行舟，意思是说不进则退。”

“对呀！你的名次虽然没有前进，却也没有后退，这说明什么？”

毕胜的眼睛里有了亮光：“说明我的努力是有效果的。”

“不仅如此，如果你调整心态，效果还会更好……”

毕胜的眼睛更亮了：“调整心态？怎样调整心态？”

“说起来非常简单，就是调整思维方式，把‘我必须怎样’换成‘我争取怎样’。比如，把‘我必须考一所好大学’换成‘我争取考一所好大学’，把‘我必须前进几十名’换成‘我争取前进几十名’……”

“我从来没有这样想过，我总是想‘必须怎样’……”

“调整思维方式做起来非常困难。你已经习惯了‘必须’的思维方式，你已经习惯了‘毕胜’。对了，说说你这个名字，可以吗？”

“这个名字是爸爸给我起的。后来，我长大了，了解了爸爸对我的期望，我也这样要求自己，凡事总是要求自己必须胜利，必须成功。所以，我从来都是‘必须怎样……’”

“这种极端化的思维方式，就是你出现今天这个问题的心理根源。凡事总是‘必须’，就会给自己压上一块大石头，会让自己感到很累……”

“是的，我每天都很累，不是学习学太长时间的那种累，也不是做太多作业的那种累，就是感觉心里很累，很努力地去学习却没有效果。”毕胜回味着那种痛苦。

“必须”拿个好成绩，“必须”考个好大学，这样的思维方式过于强调学习动机，过强的学习动机有时反而会降低学习效率。心理学研究告诉我们，学习动机不强，学习效率当然不会高；学习动机过强，学习效率也不会高；中等强度的学习动机，学习效率最高。学习动机与学习效率的关系，正好可以用一个倒“U”曲线来表示。

面对我画出的曲线图，毕胜一个劲儿地点头：“您的意思是说，如果我不再给自己那么大压力，学习效率还会更高？”

“是的。轻装前进，肯定会走得更快一些。为了让自己轻装前进，就得从现在起放弃极端化的思维方式。重新看待生活，重新看待学习，重新看到希望的阳光。”

随后，我和毕胜的父亲沟通了孩子的情况。毕胜的父亲是个悟性很强的人。他表示，他会放弃必须让孩子成功的想法，降低要求，帮助孩子减压。

5.5

为什么一说去上学孩子就犯困，就想睡觉？
—— 帮孩子化解心理压力

/ 心理困扰 /

瑞天是个 8 岁的男孩，正在上小学二年级。本来都好好的，可是最近瑞天却突然生病了。主要症状是睡不醒，一天到晚总是犯困、睁不开眼睛，走路也摇摇晃晃的，像是要睡着了，甚至还要人搀扶。他已经好些天没去上学了。家长带他跑了很多家医院，检查结果都是没问题。家长实在弄不清楚这是怎么回事。这一天，母亲带着瑞天来到了心理健康中心。

我们先一起做了初步的交流，主要是为了便于我直接观察瑞天。

奇怪的是，眼前的瑞天看起来很正常，行动、谈话、意识都很正常，也没有睡不醒的样子。母亲也觉得奇怪，她已经注意到了，平时瑞天跟正常孩子一样，但他就是怕上学，一说去上学就开始犯困，就想睡觉……

瑞天睡不醒究竟是怎么回事？

安置好了瑞天后，我与孩子的母亲进行了单独的交流。

瑞天的母亲介绍说，瑞天一个多月前开始出现这样的症状。有一天放学后，家长忽然发现瑞天既不看电视，也不玩，吃完晚饭后上床就睡着了。一开始，家长以为孩子是玩累了，也就没在意。后来才感觉不对劲了。瑞天的觉多和平常的孩子玩累了觉多不一样，瑞天随便趴在哪里都能睡着。吃饭的时候也打瞌睡，甚至连筷子都拿不住，饭碗都端不住。走路的时候也摇摇晃晃、迷迷糊糊的，家人怕他摔倒，就搀扶着他。不过，好像家长越这样，他的症状越严重。这可把父母急坏了，他们不停地问："孩子这是怎么啦？"

"瑞天还有别的症状吗？"我问道。毕竟心理诊断需要多方面了解情况。

随着沟通的深入，瑞天的母亲忽然想起来："本来这个孩子胆子就小，好像生病后胆子就更小了。他晚上都不敢一个人睡觉了，必须有人陪着才能入睡，好像心里有什么害怕的事似的。俗话说，有病乱投医。我们带孩子看了无数家医院，也查不出问题来。孩子到底是怎么回事？这真把我们急死了……"

现在可以初步诊断，瑞天没有身体疾病，而是有心病。

那么，瑞天到底有什么心病呢？

经过进一步沟通，瑞天的母亲想起一件事来。就在瑞天发病的前一天，在教室里，一个同学想抄他的作业。瑞天不让抄，就用力地挥了一下手臂，没想到手上的铅笔碰到了同学的眼睛，那个同学立即大哭起来。瑞天胆子很小，见状也被吓坏了。随后同学的家长来了，赶紧带孩子去了医院。老师把瑞天叫到了办公室，大声说："你看，你把人家的眼睛给弄坏了，你爸爸妈妈要出钱给人家治，万一治不好可怎么办？！"瑞天感到自己闯了大祸，更害怕了。万幸的是，同学的眼睛没有大事，很快就好了。这件事慢慢也就过去了，瑞天从来没敢跟父母说起这件事。后来，是老师向他的父母介绍了这个情况。当父母问起来的时候，瑞天还是什么都不肯说，而且，也不让家人再说起这件事。

/ 心理解析 /

这件事与瑞天的病有关吗？

可是肯定地说，这就是瑞天心病的根源。瑞天睡不醒，实际上是在不知不觉间进行自我心理防卫。

瑞天不小心碰到了同学的眼睛，他感觉自己闯了大祸。这件事对一个孩子来说，实在太可怕了，他的心灵陷入了极度的恐惧之中。怎么面对困境呢？平时，人们感到心理压力太大的时候，确实更容易犯困。进入睡眠状态，确实是一个暂时逃避困境和压力的自我心理防卫的办法。瑞天就是在潜意识里启动了这样的心理机制：突然生病了，睡不醒了。这样躲进病里，躲进睡眠中，就没人再提起碰眼事件，让他的心灵暂时躲过了困境。这跟鸵鸟把头埋进沙子里来逃避困境，有异曲同工之妙。但是，这样做，并不能真正解决问题，碰眼事件给瑞天造成的恐惧并未消除。所以，瑞天依然感到害怕。

在瑞天生病时，家长的过度关注，又给瑞天带来心理暗示。一方面，让瑞天陷进病人的角色难以自拔；另一方面，让瑞天得到了“意外的好处”——父母的呵护与照顾。这些都强化了瑞天的症状。这也是瑞天在家里症状更严重的原因所在。

/ 心理对策 /

沟通至此，瑞天的母亲长长地出了一口气：“没病我就放心了。”转而又问：“现在我们该怎么办呢？”

我的建议是，采取具体措施帮孩子化解心理压力。第一，权当没有生病这件事，停止一切治疗，特别是不要当着孩子的面谈论他的病。第二，消除“意外的好处”，不在孩子出现症状的时候给予额外的关注，包括过度的呵护、照顾、搀扶等。第三，在轻松的氛围中和孩子谈一谈碰眼事件，帮助孩子树立正确的认知，消除不必要的恐惧。第四，在友好的气氛中，跟老师沟通一次，请老师也来帮助孩子化解压力。

大约两周后，瑞天的母亲传来反馈信息。家长就碰眼事件跟孩子聊了几次，孩子不再那么害怕了，睡不醒的症状已经基本没有了。现在，孩子已经基本恢复正常，能够去上学了。

第六辑

孩子进入青春期了，有心事了，该怎么办？

孩子不爱上学了，可能有个与学习无关的原因：孩子长大了。

这是什么意思？孩子长大了，进入青春期了，走进怀春的季节了。正如我们在本辑的案例中看到的，有关两性心理的种种问题，都会莫名其妙地给孩子带来压力，最后，变成孩子上学的心理障碍，让孩子不爱上学了。

我们该怎样做？

6.1

孩子因为早恋不想上学了，该怎么办？
—— 帮孩子正确认识模仿性初恋

/ 心理困扰 /

这一天，一位家长朋友通过电话紧急预约，请求尽快来访。我再一次破例，当天就接待了这位家长。刚刚落座，家长朋友就愁苦万状地告诉我，他们的孩子学坏了，没出息了，不想上学了。孩子究竟出了什么情况？我表示必须和孩子直接交流才能做出判断。家长说：“我这是来打前站，您别说我来过，下午我就让孩子来。”

下午，男孩如约来访。这个男孩帅气中有几分抑郁，阳光中带几分愁容。我凭直觉就知道这是一个好孩子。果然，初步沟通后我了解到，他是个优秀的高中生，是个品学兼优的孩子。这样一个学生为什么不想上学了？

他皱着眉头开始了诉说：“中考后的暑假，有一个女孩加了我的QQ。她是我的初中同学，是一个很优秀的女孩。就在那个暑假里，我们开始交往。

“虽然我们考入了不同的高中，联系却越来越密切了。每天放学回家后，我们都在网上聊天，总有说不完的话，每天都聊到很晚才下线，然后带着甜甜的思绪进入梦乡。后来，我们的秘密被双方家长发现了。家长的干预并没有拆散我们，只是让我们的交往更隐秘了。

“也许我们真的很有缘，后来我们两家又搬到了同一个小区，而且两个楼相距不远。这让我们有了更多接触的机会。除了在网上聊天之外，我们还当起了‘地下工作者’。在我家楼下的地下室里，有一个安装线路用的小闸门，这个谁都不在意的地方，成了我们秘密接头的地点。每天，我把写好的条子偷偷放在那里，她放学从我家楼下路过时偷偷拿走。然后，她再偷偷放进她写的条子，我再偷偷取出来。就这样，我的抽屉里已经收藏了许多她写给我的条子，那里面记录着她给我的鼓励、给我的力量。是的，我们相互鼓励着，共同努力着，各自都有了很好的发展，都取得了很好的成绩。那是我最幸福的一段时光。

“但是，不幸还是降临了。在那个我永远忘不掉的日子，我像往常一样偷偷取回她留给我的条子，上面的一行字却让我呆若木鸡，因为那上面写的是：‘我们分手吧！’原来，她喜欢上了她同班的一个男生。为什么会这样！我划破手指写了血书，表达了我的真情，放在那个曾经见证我们感情的地方，却不见她取走。我只好找朋友帮我转交给她。可是，朋友转来的她最后一张条子上却只有三个字：‘对不起！’

“她为什么违背我们的誓言？她为什么移情别恋？

“我是个重感情的人。我真的受不了了！我开始沉沦，每天无精打采、萎靡不振，听不进课、读不进书、写不了作业，甚至不想上学了。之后，学习成绩下降，考试名次下滑，眼看不可救药了。老师发现了我的异样，找我谈话，说我真傻。家长发现了，对我发火，骂我没出息。我也不想这样沉沦下去。可是，我该怎么办？我该如何走出那段感情？您能帮帮我吗？您是不是也要说我真傻？是不是也要说我没出息？”

/ 心理解析 /

青少年在成长过程中，性心理通常会经历以下几个发展时期：小学时的排斥疏远期，初中时的积极接近期，高中时的模仿性初恋期，大学时的成熟恋爱期。这个高中男孩，正在经历模仿性初恋期。

高中阶段，随着性心理的进一步发展，男女生开始在共同的愿望和理想的基础上，建立起纯真的友谊。与此相伴的，是异性朋友之间带有情感依恋性质的交往。于是，有些学生可能就进入了模仿性初恋期。

在这个阶段，男女生的交往和感情，与正式的成熟恋爱不可相提并论。这时男女生的“初恋”，有下面几个特点：一是行动不自觉，这个年龄段的孩子，读了爱情小说，看了爱情影视剧，有可能盲目模仿，行为具有冲动性，缺少自觉性。二是对象不稳定，这个年龄段的孩子的交往对象虽然不像积极接近期那样广泛多变，也可能是一对一的，但是依然很不稳定，他们很容易把感情转移到新的对象身上。三是感情不持久，说好就好，说坏就坏，动不动就会“海誓山盟”，却又很快将感情抛到九霄云外。这给人一种朝秦暮楚的感觉，以至时常出现所谓“情感不专一”的“移情别恋”的故事。其实，这都是模仿性初恋期的特点。这说明，模仿性的初恋还不是成熟的恋爱，只是一种恋爱的演习或预演。

这种模仿性的初恋，是一朵美丽的花，是拒绝世俗的功利主义的，是不考虑婚姻的，是一段纯美的感情经历。但是，这也是一朵难以结果的花。对年轻的生命来说，经历过，就是初恋之情的全部的意义所在。

由于模仿性初恋具有上述特点，分手便是经常上演的故事了。分手时总有一方是被动的。谁遭遇“被分手”，心灵都会受到重创，陷入迷惘。此时，他们需要的不是批评，而是帮助。

/ 心理对策 /

想到这里，我开诚布公地对男孩说：“你是个好孩子，因为你是个重感情的人。如果失去一段感情你却无动于衷，那么，也许你不傻，也许你会有出息，但一点也不可爱，甚至很可怕。一个如此无情无义的人，谁敢接近他？正因为你重感情，所以马老师很看重你，甚至敬重你。不过，重感情，还要懂感情，人不能做感情的奴隶，而要做感情的主人。”

男孩睁大眼睛盯住我：“真的感谢您这样看。我就是要做感情的主人，我在努力控制自己不想这件事，可越控制越想得厉害。您说，我该怎样走出困境？”

在接下来的交流中，我谈了两点建议。

第一是顺其自然。

在心理学上有个定律，一些心理活动，常常是你越不想让它出现，它越是会出现；你越是和它斗争，它越是要强烈表现。所以，男孩正确的态度是，如果哪一天又想起这段感情，尽情地回味，不阻止，不控制，顺其自然。到时候，时间会帮助他，这份感情慢慢就会淡化。

第二是转变观念。

我引导男孩调整认知，如同科学探秘一样，来探索那段感情。等他重新认识了那段感情，他也就成长了。那个女孩为什么喜欢上了同班的男孩？人与人在活动空间上的接近，便于彼此相互吸引，形成密切关系。想想看，当初她之所以喜欢来咨询的男孩，还不是因为他们是初中同学？同样，她喜欢上了现在的男孩，也是因为他们是同班同学。但是，这都不是成熟的恋爱，而是模仿性的初恋。

随后，我谈到了模仿性初恋的特点。最后说：“这样的初恋，不妨叫‘初练’，是恋爱的初步演练。‘初练’不仅给人带来苦涩，还会给人带来甜蜜，给人带来幸福，全部的意义就在于一个‘练’字。练过，经历过，就有了心灵的成长。既然初恋就是初练，是恋爱的初步演练，‘移情别恋’就是必然的。因为这只是模仿性初恋，没有‘移情别恋’，怎么走向成熟的恋爱？如此说来，你们这个年龄的人，走过模仿性初恋之后，几乎都要‘移情别恋’，走向成熟的恋爱。你说是吗？”

男孩紧锁的眉头舒展开了：“谢谢您，让我重新认识了我们的故事，我会走出来的。”

后来，孩子的家长再次来访，感谢我帮助他们的孩子走出了那段感情，并告诉我孩子现在终于平安无事、正常上学了。

6.2

女儿总是胡思乱想，越来越学不进去了，我该怎么帮她？

—— 引导孩子正视性心理

/ 心理困扰 /

这一天，一个女孩在父亲的陪同下来到心理咨询室。

这是个内向的女孩。她学习非常刻苦，可是中考时因发挥不理想，差一点不够分数线，只好自费上了高中。进入高中后，女孩更是勤奋努力，取得了可喜的成绩。

可是，不知为什么，女孩最近却学不进去了，甚至不想去上学了。问她为什么，女孩说自己总是胡思乱想，总是担心别人对自己有看法，总是偷偷关注别人看自己的眼神。这弄得她脑子很累，越来越学不进去，甚至不敢进教室了。

家长带女孩看过医生，医生说没什么问题，只是开了一些补药。这些补药吃了也不管用，女孩还是胡思乱想，还是不敢进教室。后来，医生说女孩可能有什么心理问题。她的父母找到了我的联系方式，预约之后便来访了。

很明显，女孩胡思乱想等属于强迫症的症状。问题是，女孩为什么出现这样的症状？怎样帮助女孩消除这些症状？

为此，我与女孩单独进行了交流。

一周后，女孩的父亲拨通心理咨询专线，他告诉我，女孩不再胡思乱想了，在教室里也能安心地学习了。女孩的父亲十分好奇地问："您跟孩子说了什么，她的病就好了？"

/ 心理解析 /

其实，这没什么秘密可言。我与女孩首先进行了意象对话。

“请想象自己在一条路上行走……”

“我看到了一条路，路旁有一片鲜花。”

“好，你看，在不远处有一栋房子，我们进去看看吧！”

“我进来了，看到了一个鱼缸，里面有一条鱼……”

“这条鱼挺可爱的，是吗？”

“是的……还有一个人。”

“是个什么样的人？”

“是一个男孩，好像是我的同学。”

“好，走过去，和他问好。”

“‘你好！’他也跟我打招呼了。”

“跟他握握手，聊聊天。”

“握手了，我们在谈话，挺轻松的感觉。”

“好，我们再到院子里看看。”

“又有一个人朝我这边走来。”

“迎上前去，看看这又是谁。”

“看清了，还是那个男孩。”

“再次跟他打招呼，握手，交谈。”

“打过招呼了，握手了，我们坐下来谈话，感觉很好……”

结束了意象对话，女孩似乎敞开了心灵，随后她又告诉我一个细节。她说刚才说看到鱼的时候，其实已经看到了男孩，就是有点朦胧，也就没好意思说。可是后来这个形象不仅没有消失，反而越来越清晰，就说出来了。

一般情况下，意象对话中出现的花和鱼，往往都是性的象征。联系到反复出现的男孩，女孩的意象中性的象征意义就更为明显了。就是说，性方面的心理压力给她造成了困扰。意象对话的过程，也是引导女孩缓解性方面的心理压力的过程。

/ 心理对策 /

为了进一步帮助女孩缓解性心理压力，我们又进行了下面的交流。

“除了之前提到过的症状，你还有什么心理困扰，可以告诉我吗？”

“在学校里看到有的男女生在一起，心里就有一种说不出的难受……”

“一种说不清的滋味，是吗？”

“是的。还有，有男孩子给我写信，说希望成为我的另一半。哎呀，太难听了，让我心里一片混乱，他怎么能这样？这太不正常了。我没理他，后来他就托人传话，再次表达了对我的爱慕。我还是一直没有任何反应。就是从这个时候开始，我的脑子就不行了。”

“男孩喜欢你，这怎么是不好的事呢？这不是很正常的感情吗？”

“很正常？”

“对，进入青春期的男孩女孩，相互吸引，相互爱慕，这是很正常的感情，而且是很美好的感情啊！”

“可是，可是，我脑子里还经常出现一些说不出口的画面……”

“是关于男女之间的画面，是吗？那叫性幻想，也是正常的性心理现象。”

“原来是这样……”

我们就青春期的性心理进行了许多交流，女孩逐步接受了自己的性心理。告别的时候，女孩说她感受到了从来没有过的轻松。回去后，女孩的学习、生活逐渐恢复正常。

一周后，第二次咨询时，女孩坦言，她之前学不进去其实是因为自己暗恋一个男孩，又担心这个男孩不喜欢自己。于是，她整天忧心忡忡的，又不敢跟别人说。平时父母总是教育她不能搞对象，说那样不好，她自己也觉得那样不对，觉得那种想法见不得人，心里非常压抑。

性心理压力往往会导致强迫症的症状，这个女孩就是这样。我们的咨询会话以及意象对话，着眼点就是化解性心理压力。也许，父母不能像专业人员那样辅导孩子，但只要能听孩子说说心里话，就能给孩子以安慰，引导孩子正视性心理，“心病”往往也就化解了。

6.3

孩子总说她身上有味，不想上学了，该怎么办？
—— 引导孩子接纳自我，化解压力

/ 心理困扰 /

这一天，一对父女如约来访。按照常规，我分别与父女俩进行了交流。

父亲介绍说：“孩子学习很刻苦，凭自己的实力考上了高中。家里人开学前就告诫孩子，到了新学校一定要继续努力，只有学习好了，老师和同学才会喜欢她。孩子也很听话，一直闷头读书。可开学刚刚一个多月，孩子就非要换班不可。我们也不知道为什么，只听她说在原来的班上不能集中精力听课。我们就请求学校给她换了班。可是，前不久，孩子说还是不行，连学校都不愿去了。问她为什么，她说是因为她身上有味。我们说，家里谁也没有闻到她身上有什么味。她说跟我们讲我们也听不明白，随后就只是哭。我们就不敢再说什么了。孩子从小就很乖，一门心思念书。现在却突然不想上学了，该怎么办哪？”

随后，我和女孩单独沟通。女孩十分文静，她似乎也不清楚自己的心结在哪里，我就请她随便谈谈。

女孩轻声细语地说：“我是以班级第四名的成绩考进高中的。我过去学习一向很好，在班上，不论男生女生，对我都很好。但是，在入学不久的那次考试中，我的成绩滑到了班上的中下游。我的心情很不好，感觉同学们都不愿理我了。我的同桌是一个男生。那天当我经过他身边的时候，他好像用手遮了遮鼻子，还扇了两下，我就感到可能是我身上有味，最有可能的是脚的臭味。后来，我觉得大家都知道了我身上有味，他们都不愿意接近我，离我远远的。特别是男同学，经常对着我窃窃私语，我好像听到他们都在议论我身上的异味。我一整天都非常压抑，精神紧张，而且听不进课了。就是这样，我才要求换班的。

“可换班后，好像这个班的同学也知道我身上有味。我很生气，原来班上的男生怎么这么坏，把我身上有味的事情告诉了这个班的男生。这下我更受不了了。一走进教室我心里就非常压抑，甚至见到校门就害怕。家里人说我身上没有异味，我回到家里自己也不觉得有味。可是，只要坐在教室里，同学们都能闻到，我也能闻到。我到底是怎么了？我该怎么办哪！”

说到这里，女孩的泪顺着脸颊滑落了下来。

/ 心理解析 /

女孩为什么总感觉自己身上有异味？

在心理学上这种感觉叫幻嗅，是幻觉的一种。幻觉是指没有现实刺激物作用于相应的感受器官而出现的一种虚幻的感知体验。幻嗅就是闻到了某种并不存在的气味，常常是一种难闻的气味，如腐臭味、腥味、焦味以及刺鼻的化学药品味等，伴有掩鼻或皱眉的动作。

幻觉常常是精神病的症状之一。但是，女孩幻嗅并非精神病的症状。正常人在某种特殊的状态下，也会出现短暂的幻觉。而且，作为精神病症状之一的幻觉，幻听比较多见，幻嗅很少见，而且多是指向外界的，很少指向自身。更重要的是，女孩幻嗅具有明显的选择性，她只是在学校里和同学在一起时才有幻嗅，在家里并不这样。而且，还有一个特别值得注意的重要细节，那就是女孩出现幻嗅主要是有男生在身旁的时候。所以，与其说是女孩感觉自己身上有味，不如说是她感觉别人认为她身上有味。她对自己身上有味的感觉，不过是受了同学的暗示。据上述种种情况判断，女孩幻嗅不是精神病症状。

那么，女孩幻嗅到底是怎么回事呢？

心理学告诉我们，幻觉常常有某种象征意义。女孩幻嗅也有象征意义。象征意义是什么呢？针对女孩的情况，我决定采取意象对话的方法。意象可以反映人的意识中或潜意识中的心理活动，具有象征意义。意象对话就是用想象中的意象进行交流。

我们的意象对话是这样进行的。

我说："我们做一个想象练习好吗？请闭上眼睛，平心静气，减少心里的杂念。然后，放松身体，想象自己正沿着一个楼梯向下走，四周光线不是很亮。在楼梯拐角处，有一面大镜子。想象一下，你在镜子中看到的不是自己，而是另一个面目，另一种形态，不要想应该是什么样子，只要耐心等待这个镜中的形象慢慢地清晰起来。"

女孩十分配合，她说在镜子里看到的是一个瘦弱的、矮小的、面黄肌瘦的女孩。

这个镜中的形象代表的正是女孩。很明显，女孩的心理健康状况非常不好，集中地表现为自我否定，也就是不能接纳自我。因此，她看到的是一个没有魅力的形象。现在，意象对话证实了我的推测，女孩幻嗅的象征意义很清楚了：她认为自己是不受欢迎的。那么，女孩为什么只在学校里特别是在男生身旁，才感觉自己有异味？

我们的意象对话继续进行。

"请闭上眼睛，想象自己走在一条路上，路边有一栋大房子，看到了吗？"

"看到了。"

“好，我们走近房子。”

“我来到了门前。”

“房门是关着的吗？”

“是的。”

“好，我们打开房门，走进去。”

“进来了。”

“你看到了什么？”

“里面一片漆黑，什么也看不见。”

“那么我们找到开关，打开电灯。”

“找到了，灯亮了。”

“现在你看到了什么？”

“这是一个大厅，厅中间有一根柱子，还有楼梯，一面墙壁上挂着一张照片，好像是一张男女合影。”

“好，你去摸摸柱子，然后走上楼梯去看看，感觉怎么样？”

“柱子很光滑，走上楼梯了，感觉挺好……”

我们的意象对话进行到这里的时候，女孩的脸上有了几许轻松和愉悦。

现在，女孩的问题清楚了，她正面临着两性关系心理的困扰。女孩想象中的事物带有较为明显的性色彩：可进入的房间常常是女性生殖器的象征，而柱子常常是男性生殖器的象征，上下楼梯的动作，则是性爱活动的象征。那张男女合影为这些有关两性关系的象征意义提供了线索。

不难理解，女孩正值怀春的年龄段，她对两性关系异常敏感，特别关注自己在别人特别是异性同学心中的形象。她过去成绩一直很好，并不担心自己在同学特别是男生眼中的魅力。但进入高中后，竞争群体有了变化，考试名次的下滑，让她感觉自己失去了过去的优势，于是，她感觉自己在同学心中特别是男生心中失去了魅力。她把这种心态投射到了别人的身上，别人偶然的掩鼻等动作，就让她觉得自己身上有异味，成了不受欢迎的对象。

/ 心理对策 /

意象的象征意义我一般不对来访者解释。现在要做的是为女孩提供具体的帮助。

第一步是进行认知调节，让女孩接纳自我。我请女孩寻找自己身上有异味的证据，同时寻找反证。交流中女孩逐渐认识到自己的感觉是没有根据的。之后，我们就一个人该怎样接纳自己、喜欢自己进行了交流。我请女孩回去继续做这样的认知调节，而且把结果写在本子上。

第二步是继续做意象练习，减轻心理压力。一是仿照前面的意象练习，使消极意象变为积极意象。例如，想到黑屋子，就想办法把它变得光明，可以打开电灯，拉开窗帘，或者开一扇窗子。再如，改变昏暗的光线中缺少魅力的女孩，让她换上漂亮的服饰，让她的脸上带上笑容。这样的意象练习可以让当事人的心境和自我意象变得积极起来，促进当事人接纳自我。二是进行有利于调整两性关系心理的意象练习。例如，引导女孩将自己想象成一朵花，吸引了不少蜜蜂。做这样的练习可以逐步化解有关两性关系的心理压力。女孩表示回去会继续做这样的练习。

女孩的心结，我没有对她的父亲解释太多，只告诉她的父亲孩子没有什么大问题。

见女孩的父亲松了一口气，我转而郑重地说："父母片面地关注孩子的学习成绩，对孩子的学习提出不恰当的要求，是导致孩子心病的根源之一。家人对孩子最好的帮助是多关注孩子的心灵，对孩子的学习成绩保持一颗平常心，在生活中多给孩子一些肯定评价。”

一段时间后，女孩拨通了我的心理咨询专线，她说不再觉得自己身上有异味了，学校生活又变得轻松快乐起来。我知道她重新接纳了自己，我为女孩以及女孩父母的努力自救感到欣慰。

6.4

孩子就要毕业了却不敢去上学，她到底在怕什么？

—— 引导孩子重新认识性骚扰事件

/ 心理困扰 /

这一天，一对家长陪同一个女孩来到了心理咨询室。

经过沟通，我了解到女孩 18 岁了，正读高三。眼看就要毕业了，她却不敢去上学了。半年前，女孩开始怕上学，每天胆战心惊的。特别是到了晚上，她经常胡思乱想，总担心自己出什么意外，担心水里有毒，担心出车祸，甚至担心自己会被杀。一天晚上，她实在害怕得顶不住了，才给家里打了电话，父母就把女孩接回了家。回到家里她的状况就好一些。可是，她从那以后就不能坚持上学了，一想到学校就害怕，心里就不安。女孩也说不清自己到底为什么这么害怕，不知道自己到底在怕什么。

在和女孩单独会话时我了解到，女孩的学习成绩处在中游，在重点中学里应该说是不错的。但是，女孩对自己一点也不满意，她在一个本子上列举了自己的一大堆不足和问题 —— 优柔寡断，不够自律，适应能力差，学习不够好等，总之没有一个优点……

可以初步判断，女孩的问题是她不能接受自己。不能接受自己的人，内心往往缺乏安全感。那么，究竟是什么原因让女孩把自己说得一无是处？

/ 心理解析 /

为了准确诊断，我们进行了意象对话。

进行意象对话，我往往先要引导咨询者想象一面镜子，看咨询者想象中的镜子里出现什么意象。通常情况下，咨询者很快会在镜子里看到一个形象。可是，尽管我一再引导，女孩却什么也看不到，她只看到一片空白。这表明女孩在潜意识里对自己的心态采取了蒙蔽的态度，就是说，她不愿看到自己的心。这也说明女孩心中有较大的压力。

随着意象对话的进行，女孩在想象中的一个房间里，先看到房间中间有一处喷泉，泉水往上涌，随后看到房间的四面墙上都是裸体画，巨大的裸体画布满了整面墙壁。女孩说她感觉很难受，很心慌，很害怕。我告诉女孩不要怕，让她放松镇定，先走近喷泉，伸手摸摸泉水。女孩变得安静多了，说感觉挺好。随后，我又引导女孩放松心情，愉快地欣赏壁画。女孩说心情平静多了，这些壁画真的不错，都挺美的。而且她补充说，刚才在镜子里看到的也是裸体画。

女孩睁开眼睛的时候，比开始时放松了许多。我建议女孩回去自己进行这样的意象练习，如果出现不好的意象，镇定地面对，或者积极地改善。时间到了，我们结束了第一次会话。

第二次如约来访的时候，女孩的父母感到很奇怪，不知上次我和女孩谈了什么，女孩第二天就上学去了，并且能够坚持在学校学习了，也不那么害怕了。

女孩的症状很明显是由性心理造成的压力导致的。喷泉是具有明显性象征的意象，而裸体画更是女孩内心性意念的直接反映。但是，女孩的内心对性是排斥的，是否定的，是不敢接受的，也是恐惧的。也就是说，女孩恐惧的就是一个“性”字。一般来说，我不会将意象对话的象征意义告知咨询者。咨询师只需要引导咨询者通过意象对话进行心理调节就可以了。比如，在上面的意象对话中，我引导女孩接近喷泉，伸手摸摸泉水，欣赏裸体画，都是为了帮助女孩逐渐地接纳自己的性心理。

/ 心理对策 /

受传统文化的影响，不少青少年或多或少对性持否定态度。但这个女孩对性心理体验如此恐慌、害怕，有些非同寻常。

为了找到她心理压力的根源，我们进行了进一步的沟通。

随着交流的深入，女孩讲述了一件让她印象非常深刻的事：“大约半年前，一天晚自习时，我一个人去上厕所。在校园的一个拐弯处，有一个男人站在昏暗的灯光下，我没有看清他的面孔。那个人摆出一副非常关心我的样子说：‘大冬天的穿这么少的衣服还不冻坏了！’他走过来，捏了一下我的胳膊。我吓得赶紧跑开了。当晚，我的心一直在极度的不安中煎熬着，可是我不敢对别人说。从那天起，我就总是感到不安全，感到随时会受到伤害。我晚上躺在床上时还总会想到男女方面的事情，就更感到害怕了。”这，大概就是女孩开头没有说出来的话。

现在，我可以更加清楚地看到女孩心病的根源，那就是传统观念的影响，再加上性骚扰对她造成的伤害，让女孩对性采取了否定的态度。但是，女孩内心性的萌动又不可遏制，常常冲击她。所以，女孩感到害怕了，不能坦然接纳自己了。由于性骚扰发生在学校中，因而她将恐惧指向了学校。而即将来临的高考，又是她恐慌发作的另一个诱因。

在随后的咨询中，我们做了较多的沟通。第一步，我帮助女孩调整了对在校园里与男人相遇事件的认知，帮助她减轻了内心的恐惧；第二步，我帮助女孩化解了由性心理带来的压力，让她正确认识自己有关性心理的体验；第三步，也是最重要的一步，我帮助女孩从整体上学会了接纳自我。

随着交流的深入，女孩的表情越来越轻松，告别的时候她的脸上露出了坦然的微笑。

后来，女孩的家长拨通心理咨询专线告诉我，孩子已经回到校园正常学习了。

6.5

孩子为什么总担心自己得了艾滋病？
—— 引导孩子正确认识小心谨慎的性格

/ 心理困扰 /

这一天，我接待了外地的一家三口。母亲是高校教师，父亲是政府官员，男孩是个重点学校的高二的学生。男孩原本学习很优秀，总是排在年级前 20 名，可是后来因为总生病，落到了年级几百名，现在还不想去上学了。他看过医生，吃过药，状态依然不好，家长看到我在报刊上发表的专栏文章，便联系预约来访了。

父母介绍说："孩子从小就特别胆小，体质还特别差，总是生病，不是咳嗽就是肠胃不好。他还总担心自己有其他的病。从去年九月份开始，他出现紧张、焦虑等症状，甚至不敢一个人睡觉，学习也不在状态，经常不想去上学。没办法，我们只好带他去看心理科。大夫诊断说他有焦虑症。他就开始吃药，一直吃了半年多。虽然现在状态好些了，但是孩子说主要是自己的心态好转了，不是吃的药起作用了。"

心理咨询实践一再证明，当事人的感觉往往是正确的。既然男孩自己觉得状态好的主要原因是心态好转，那男孩的主要问题是什么，他又经历了怎样的心态变化？

原来，高一下学期的时候，男孩转学来到现在的学校。转学后他就总是抱怨，对这里的老师、同学和环境都不满意。勉强到了高二，刚开学不久他就出现了现在的症状，就开始就医吃药，成了病人。

谈到起因，男孩是这样说的。有一次，上生物课时老师讲到了艾滋病。男孩就联想到自己，因为有一次同桌不小心将血滴到他的身上，他就担心自己会被传染上艾滋病。这一联想可不得了，男孩本来就胆小，一想到自己可能会被传染上艾滋病，就更加惶惶不可终日了，整天害怕得不得了，最后还自己偷偷去医院做了检查。虽然没有检查出什么，但是他的疑心还是没能消除。最后他实在受不了了，才哭着告诉父母，说自己可能得艾滋病了，是被同桌传染的。父母听了认为不可能，就劝说孩子不要担心。但是男孩还是害怕得要命。更让男孩害怕的是，他上网搜索到有关艾滋病的信息，对照上面介绍的症状，发现自己身上还真的有了那些症状。最让男孩担心的是两个症状，一个是他每天低烧三十七度多，另一个是他身上有了皮疹，主要在上下肢的回弯处。

这样一来，男孩就更担心害怕了，更以为自己被传染了艾滋病，更不在状态了。无奈之下，家长陪同男孩又去医院做了几次检查。直到最后一位医生告诉他，担心、害怕、紧张都有可能让身体出现低烧和皮疹等症状，男孩才不那么担心了。男孩自己说心态好些了，意思就是由于他心里不再那样担心、害怕，所以症状也缓解了。

但是，男孩的担忧并没有彻底解除，所以想通过心理咨询得到一个更明确的解释，好彻底消除内心的恐惧。

男孩首先问我："都说我没有得艾滋病，可是我怎么会有低烧和皮疹的症状？医生说担心、害怕、紧张也会使身体出现这些症状，是真的吗？"

看来，帮男孩消除这样的担心和焦虑，是心理支持的关键所在。我先从心理暗示谈起。心理暗示就好像给人贴上了一个标签，人常常会如标签所标示的那样发展。有人把这称为"标签效应"。

为了使男孩更深刻地领悟这一点，我介绍了有关心理暗示的实验。研究者在被试者的皮肤上贴上一片湿纸，告诉被试者，这是一种具有特殊功效的纸，能使皮肤局部发热，要求他们用心感受那块皮肤的温度变化。十几分钟过去后，研究者将湿纸取下，被试者被贴处的皮肤果然变红，摸上去还有点发热。其实，那只是一张被自来水打湿的普通的湿纸。这就是标签效应：被试者心里认定这个纸会让皮肤发热，于是，皮肤就有了这种发热的反应。

这个实验让男孩有所领悟，但是他的心里还是有些怀疑："一个人心里的想法真的这样厉害？"

为了帮助男孩彻底消除疑虑，让男孩深切体会到心里的想法对身体状况的影响，我决定来个"手指变长"的现场试验。

试验指导语是这样的："请你首先放松身心，放松，再放松。好，请伸出两只手。你看，我们每个人的手腕处都有两道横纹，现在把两个手腕的横纹对齐。然后，两手掌相对合并朝上，看看两只手的手指是否一样长。没有特殊情况的话，手指当然一样长，对吗？然后，放下一只手。这时，请闭上眼睛，想象另一只手在生长，生长，生长，生长……你看见这只手在一节一节地向上长，不停地向上长，长成了一棵树那样高，长成了十层楼房那样高，长得像《西游记》中如来佛的大手那样，五根手指像五根柱子耸入云天……"他就这样专注地想象，一分钟，两分钟，三分钟……

几分钟后，我让男孩把两只手的横纹对齐再比一下。这时，他惊奇地发现，这只手真的长大了，变长了，长了一厘米左右。

男孩颇受震动，深有领悟："啊，心里的想法原来这样厉害！难怪大夫说心里总是担心、害怕就会出现症状，原来心理活动真的可以影响人的身体呀！"

我肯定地说："是的，你领悟得很好。你此前出现的其他症状，什么嗓子不好哇，肠胃不好哇，都是心理暗示的结果。也就是说，你没有病，你的身体很正常，你是一个身体正常的男孩。你明白马老师的意思吗？"

男孩放松地笑了："我知道了，以后不再把自己当病人，不再担心自己有病了。"转而又说，"可是，我对现在的学校很不满意，老师和同学的素质都特别低，特别是我那个同桌。所以，我就不想去学校了……”

我笑了：“你知道这是为什么吗？”

男孩若有所思地说：“您是说我看他们不顺眼，是我先入为主，是我自己的原因？”

为了帮助男孩深入领悟这一点，我向他介绍了心理学家做过的一个巧妙的实验。研究者让两组参加者给一位女士打电话。打电话之前，研究者告诉第一组的人说，对方是一位冷酷、呆板、枯燥、乏味的女人，告诉第二组的人说，对方是一个热情、活泼、开朗、有趣的人。

介绍到这里，我问男孩：“你猜哪一组的通话时间更长？”

“第二组。”男孩几乎脱口而出。

我肯定地说：“对，实验结果是，第二组的人与这位女士谈得非常好，通话时间也明显比第一组的人要长。而第一组的参加者，很难与这位女士顺利地交谈下去。问题是，接听电话的是同一个人，而且对这边的通话者分组并不知情。这是为什么？这是因为，第二组的参加者把那位女士想象成热情、活泼、开朗、有趣的人，并以同样的态度与之交往，而第一组正好相反。就是说，决定我们对外界的人、事、物的态度的，不是外界的人、事、物本身，而是我们的心态。这告诉我们，就一般情况来说，如果一个人总是抱怨周围的人、事、物，那往往是因为他自己的心态出了问题，往往是因为他对自己的现状不满意。你说呢？”

男孩认真地点头：“对，我确实对自己的现状不满意，我本来是年级前 20 名，可是转学后却到了年级三四百名，我怎么能满意？”

至此可以判断，男孩身体上的所有问题，都是由心病造成的。男孩扮演病人，就是面对心理困境时的自我心理保护。而长期的看病、就医、检查、治疗的过程，又强化了这种心理效应。

/ 心理解析 /

那么，男孩为什么要扮演病人呢？

为此，我跟他们全家人进行了一次深入的交流。

男孩的母亲说："这孩子从小就胆小，而且体质差。小时候他一直在老家跟奶奶生活。奶奶对这个孙子是谨慎又谨慎，小心又小心，怕这怕那，不敢让孩子出门，不敢放手让孩子玩耍，甚至不敢让孩子去幼儿园，使孩子从小没有和伙伴玩的经历。上学后，孩子还是三天两头地生病，三天两头地看病、吃药，可以说孩子成长的过程就是看病就医的过程。孩子一岁多的时候还得过疝气。当时可把我们一家人给吓坏了，奶奶更是不知该如何是好，全家人都提心吊胆的。现在想来，我们大人的表现肯定对孩子产生了很不好的影响，让孩子变得更胆小了。"

这时候男孩的父亲说话了："还有，他妈妈的脾气很不好，甚至是非常不好，她辅导孩子学习时总是大喊大叫。后来，还总拿自己的奋斗史教育孩子，说我们从农村来，通过努力才有了今天的成就，对孩子的期望也越来越高。"

男孩的母亲反思说："是，我对孩子的期望确实越来越高。暑假里我给孩子补课，我心想自己是教英语的，孩子的英语怎么能不好呢？哪知道，过高的期望让我们娘俩矛盾重重。"

男孩接过话头："从小我妈妈就把我管得特别严，总拿自己的奋斗经历说事。每次她一提到我的成绩，就跟我着急上火。暑假里她非要给我补课，我心里非常不愿意。结果是，她越补课，我越不爱学，所以，暑假里我们闹得非常不愉快。开学后的第一次考试，我的名次还是那样，也没看到什么进步。我正不知如何是好的时候，上了那节生物课，我就出问题了。父母的努力我不否认，但是他们太拼了，太过正面了，我学不了……"

可见，男孩扮演病人，担心自己得艾滋病，是由他的性格问题造成的，其性格问题主要表现为胆小怯懦、缺乏安全感。幼儿时期奶奶过度谨慎的养育方式，生病时家人小心谨慎的照顾，上学后父母给孩子的压力及过高期望，都在“培养”着男孩的这种性格。更重要的是，爷爷、奶奶、爸爸、妈妈没完没了地给他消极评价，诸如胆小哇、害怕呀、身体不好哇，又不断强化着男孩的这种性格。结果，男孩自己也认定自己是个胆小的人，这让男孩内心更加缺乏安全感。

男孩怎样才能保护自己心灵的安宁呢?

男孩慢慢地意识到，似乎拿高分可以让不安的心灵得到保护。于是，随着男孩年龄的增长，他越来越拿学习当回事，越来越拿分数当回事。从小学到初中，他的名次一路飙升。这也确实让他的心灵得到了保护。但是，一个学生很难永远保证分数上的优势，一旦名次下滑，心灵就会继续在不安中挣扎。

那又该怎么办呢?男孩在无意间发现，生病是个不错的办法。于是，男孩一遇到困境，就会出现病痛，就成为病人了。

而生物课上关于艾滋病的内容，不过是给男孩提供了一个生病的诱因，让男孩把对自己的现状不满意导致的极度不安，转移到了对艾滋病的担心上来，从而起到了暂时逃避学习这个现实压力的心理自我防卫的作用。

/ 心理对策 /

第二次来访时，男孩的精神状态明显好转:“我心里轻松了许多，不再那么紧张、害怕了。可是，我这种性格该怎么改变?”

我给男孩讲了一个故事。有一个少年，他认为自己身上到处都是缺点，最大的缺点是胆小。为此，他很自卑，觉得自己前途无望。一天，少年鼓起勇气去看心理医生。医生听了他的诉说，十分喜悦地握住他的手说："这怎么能叫缺点呢？这分明是个优点嘛！你只不过是非常谨慎罢了，而谨慎的人总是很可靠，很少出乱子。"少年有些疑惑地说："那么，勇敢反倒成为缺点了？"医生摇摇头说："不，谨慎是优点，勇敢也是优点。如果你是位战士，胆小显然是缺点；但如果你是个司机，胆小肯定是优点。"

看男孩有所领悟，我说："这个故事告诉我们，人的许多性格表现，很难说是优点还是缺点，只能说是特点。就是说，这些性格特征没有道德评价的意义，应做中性评价，而不是简单地肯定或否定。现在，你可以对自己的性格重新做个评价了吗？"男孩说："我就是把问题想得比较细，对事情的后果想得比较多，比较谨慎，比较小心……对，这不是挺好的性格吗？怎么能算胆小呢？"

我鼓励他说："就是嘛！你只是谨慎小心，怎么是胆小呢？从现在开始，把'胆小'这个字眼从自己的词典里删除吧。"

男孩挺起胸脯，脸上也有了笑容。

在和家长后续的沟通中，家长也进行了深刻的反思，于是我们达成了共识：一是孩子没病，应尽快停止医学治疗，并逐步停药；二是转移对孩子的关注点，从关注症状转移到关注正常表现上来；三是采取中性评价策略，不要对孩子进行负面评价，其中最重要的是家长也要从自己的词典里删除"胆小"这个字眼，对孩子的许多表现都应采取中性评价策略；四是调整对孩子的期望值，给孩子自我成长的空间。

第七辑

为什么孩子的个性出了问题，也会成为学习的障碍？

有些人人格心理特征出现严重偏差时，就会产生不同类型的人格心理障碍，简称人格障碍。您也许不曾想到，人格障碍也会影响孩子的学习热情，让孩子不爱学习，不想去学校。

本辑中都是人格障碍影响了孩子学习的热情的案例，但愿这些案例对有需要的家长朋友有所帮助。

7.1

孩子常因鼻炎、头疼头晕上不了学，这是怎么啦？

—— 引导孩子学会接受不完美

/ 心理困扰 /

志辉是个从小就学习特别努力的男孩。有这样的学习态度，再加上他又比较聪明，志辉初中的时候几乎是班上的“第一名专业户”，还拿过两次年级第一名。中考时他凭借自己的实力，考入了一所重点高中。但是，入学后不久，志辉就开始休学，到现在休学已经整整一年了。

志辉为什么要休学？

这话还得从中考前说起。原本特别看重学习的志辉，不知怎么回事，中考前却玩起了电脑游戏。家人采取强制措施禁止他玩游戏，还引发了亲子冲突。随后，志辉就出现了头疼头晕的症状，也学习不下去了。家人赶紧带志辉去看医生，走了几家医院，都没有发现问题。最后一个医生说，可能是由鼻炎引起的头疼头晕，吃药输液都不太管用，要做手术才行。听医生这样一说，志辉当时就哭了。从此，志辉开始纠结于鼻炎，说自己的鼻炎不治好这辈子就完了，哭着闹着要去做手术。

家长知道，做手术可不是闹着玩的。于是，家长又带志辉去省城一家权威的专科医院看。万幸的是，医生确诊说不碍事，不用手术，慢慢会好的。家长这才放心，回去后想方设法安慰志辉，让他抓紧时间准备中考。最后，志辉终于考进了重点高中。

全家人刚要松一口气，没想到，开学的第二天，志辉放学回家时淋了点雨。更没想到，一次小小的感冒，又让志辉开始头疼头晕。他又纠结起了鼻炎的问题，一直闹到上不了课，看不了书，学习不下去了。没办法，最后家里只好同意让他休学。

用志辉的母亲的话说，噩梦从休学那一天就开始了。休学后，家长带着志辉看了好多家医院，也看了好多科室。有的医生说是抑郁症，有的医生说是强迫症，有的医生说是焦虑症。于是，志辉开始了吃药治疗，过起了病人的生活。一转眼，一年过去了，暑假后志辉就要复学重新读高一了。可是，吃药治疗并没有起到什么效果，症状好像更明显了。

全家人逐渐意识到，志辉的问题似乎不是身体问题，而是心理问题。于是，家人开始搜集这方面的信息。志辉的母亲恰好读到了我的几本书，赶紧与我取得了联系，暑假的第一天就预约来访了。

志辉的母亲介绍了上面的情况后，叹着气说："唉！您说，孩子这个样子暑假后怎么去上学呀？这孩子到底是怎么啦？"

为了一探究竟，我用较多的时间和志辉进行了单独会话。

志辉的求助愿望很强烈，他拿出写好的材料，开始照着念了起来。在我的一再建议下，他才放下材料，聊起了自己的心事。

他说："我玩电脑不是父母想的那样。我是个特别看重学习的人。所以，我总是想，必须学好，必须考好，学习也一直都非常认真。我对自己要求也非常严格，不允许自己出一点错。还是在上小学的时候，有一次抄作业题少抄了一道题，我就没完没了地哭了半天。慢慢地，我养成了追求完美的性格，无论做什么事情都一丝不苟，为了不出错，总要反复检查。

"上初三后，自己心想要更努力。偏偏就在这时候，我感觉脑子有问题了，感觉学习不下去。您问有哪些表现？就是总走神，总胡思乱想，不能专心听讲，不能专心做作业。比如，听讲时，我总是想着一点也不能马虎，必须一字不落地听懂，可越是这样想好像越听不懂课了；看书时，我总是想一点也不能马虎，必须一字不落地看懂，可越是这样好像越看不懂了，也读不了书了。听不了课，读不了书，还怎么学习？学习不行了，我还有什么用？您说得对，我的这些症状时轻时重：一放假，就变轻；一上学，一考试，就会加重。

“我费了很大劲儿，想方设法和胡思乱想做斗争。结果是越斗争，胡思乱想得越厉害，头疼头晕得越厉害。我非常害怕，如果真的学习不了了，我可就彻底完了。后来，医生说这些症状是鼻炎引起的，我就开始纠结鼻炎的问题，总是没完没了地想。

“就是在这样的情况下，我想到了玩游戏，想看看自己玩游戏还行不行，我只是想验证一下自己的脑子是否还好使。虽然玩起来也有收不住的时候，但是，我并没有网瘾。

“中考之后的那个暑假，我感觉轻松多了，头疼头晕的症状也没有了。进入重点高中后，我发现自己的入学考试成绩滑到了班上的中游。这时症状一下子又出现了，我又开始胡思乱想了，注意力也集中不起来了。我又听不懂课了，也看不懂书了，越是努力控制，越是控制不了。”

说到胡思乱想，我给志辉讲了一则寓言。青蛙看到蜈蚣长了那么多条腿，不解地问：“用那么多条腿走路难道不会乱套吗？你是怎么控制的？”蜈蚣愣了一下，说：“以前我还真没想过这个问题，你这么一问，倒使我乱了阵脚，突然无法控制自己的脚步了。”

著名画家张大千也遭遇过类似的问题。张大千的友人曾向他发问：“您晚上睡觉时，是将胡子放在被子里呢，还是将胡子放在被子外面？”经这一问，当晚张大千睡觉时，真把将胡子往哪儿放当成了一个问题。他一会儿把胡子放在被子里，一会儿又把胡子放在被子外，翻来覆去，折腾了整整一宿也没有入眠。

听到这里，志辉情不自禁地笑了：“我就是这样，总会为这样的问题而胡思乱想。”

由此可见，志辉的胡思乱想，以及由此引发的烦恼、郁闷，跟抑郁症、焦虑症不沾边，也算不上强迫症，最多是有点强迫症的倾向。让他胡思乱想的，大多是学习上的事儿。比如上课听讲，原本是不必“一字不落”地“听”懂的。比如读书，原本是不必“一字不落”地“看”懂的。也就是说，这样的活动是允许人走神的。但是，由于他非常看重学习，非常想专心学习，就绷紧了神经，稍有走神就认为自己不正常，就没完没了地斗争，没完没了地纠结，他就因此陷入了胡思乱想。所以，在出现类似的胡思乱想的念头时，最好的办法是顺其自然，不去纠结，不去斗争。也就是说，把所谓的走神看成是正常的现象，坦然接受。有了这样的心态，胡思乱想的症状会自行淡化甚至完全消除。

鼻炎和头疼，都是躯体化现象。所谓“躯体化现象”，就是人在遇到难以面对的生活困境时，潜意识里会把心理压力转换成某种躯体症状。这是人在进行自我心理防卫，以减轻内心的痛苦。躯体化现象实际上是一种心因性反应，是心病跑到了身体上。人的身心有着很奇妙的互动关系。人心理上有了生病的需要，躯体往往就会很好地配合，出现躯体化现象，有时候还会真的出现躯体疾病。正所谓“身体跟着心念走”。志辉的情况就是这样，由于他心里没完没了地纠结，不断地给自己消极的心理暗示，鼻炎和头疼的症状就越来越明显了。

心理暗示对人身体的影响非常大。

消极的心理暗示会让人没病想出病来，甚至能要了人的命。国外曾有人以就要被处死的死刑犯作被试，告知被试他们将被大量抽血，以这种方式执行死刑。被试无法看到抽血却能听到血滴到水盆里的滴答声，结果到了一定的时间被试真的死了。其实，实验人员根本就没有给被试抽血，他听到的是水滴到盆里的声音。

相反，积极的心理暗示会让有病的人自愈。曾有一个人到医院就诊，诉说自己身体十分难受，日渐消瘦，吃了好多药都没有效果。后来，一位心理医生接受了他的求治，对他说，你患的是一种综合征。正巧，目前有一种特效药刚试验成功，专治你这种病症，每天注射一支，保证三天康复。打了三天针后，这个人果然病愈出院了。其实，所谓的特效药不过是极普通的葡萄糖，真正治好病的，是积极的心理暗示。

介绍了上面的心理暗示的实例后，临别时我对志辉说："你看，我们的身体就是这样跟着心念走的。身体跟着心念走，既可以往坏处走，也可以往好处走。回去好好想想，今天有哪些收获？"

/ 心理解析 /

志辉是个悟性很强的男孩。第二次来访的时候，志辉谈了很多体会。他领悟到自己其实没有病，自己的问题也不是医生能够治疗的；他领悟到不要过于纠结一些小的问题，而应该顺其自然；他还领悟到不要总想着什么鼻炎和头疼，要往好处想。

对志辉的领悟给予充分肯定后，我问道："如果鼻炎和头疼严重时的感觉为 10 分，现在还有几分？"

志辉不好意思地笑了："其实，现在已经没有什么感觉了，最多还有 1 分吧。"

接下来，一个问题摆在了我们面前：为什么志辉会出现这种情况呢?

为了印证我的判断，我们一起进行了专门的测试。我请志辉母子在我给出的如下项目中，分别选择出与志辉的情况符合的项目。

①做任何事情都要求完美无缺，按部就班，有条不紊，

有时反而会影响工作效率。

②要求别人也要严格地按照他的方式做事，否则他心里就很不痛快，对别人做事总是很不放心。

③做事犹豫不决，常推迟或回避做出决定。

④常有不安全感，对每件事情都殚精竭虑，反复考虑计划是否得当，反复核对检查，唯恐有疏忽和差错。

⑤拘泥于细节，甚至生活小节也要“程序化”，不遵照一定的规矩就感到不安。

⑥完成一件工作之后常缺乏愉快和满足的体验，容易悔恨和内疚。

⑦对自己要求严格，过分沉溺于职责义务与道德规范，无业余爱好，拘谨吝啬，缺少友谊。

这是针对强迫型人格障碍的测试，符合上述项目中的三项，就可以诊断为强迫型人格障碍。现场测试的结果是，母亲选了四项，志辉选了五项。这个结果与前面我们看到的志辉的表现相互印证，说明志辉确实属于强迫型人格障碍。

所谓强迫型人格障碍，是一种以要求严格和追求完美为主要特点的人格障碍。生活中，这样的人具有强烈的自制心理和自控行为。他们时常有不安全感，对自我过分克制，过分注意自己的行为是否正确，举止是否适当，因此表现得特别死板，缺乏灵活性。他们的责任感特别强，往往用十分高的标准要求自己，同时又墨守成规。他们处理事情时过于谨小慎微，常常由于过分认真、重视细节而忽视全局。他们怕犯错误，遇事优柔寡断，难以做出决定。他们经常处于焦虑、紧张之中，不能平易近人，缺乏幽默感。

具有强迫型人格障碍的人，遇到强烈的刺激或持续的压力的时候，就容易出现强迫症状，严重时还会导致强迫症。志辉在面对学习和考试的压力时，强迫型人格障碍更严重了。

那么，志辉又是如何形成强迫型人格障碍的?

强迫型人格障碍的形成，一般与家庭教育和生活经历有关。父母管教得过分严厉苛刻，要求子女严格遵守规范，孩子做事就容易过分拘谨和小心翼翼，生怕做错事而遭到父母的惩罚。孩子做任何事都思虑甚多、优柔寡断，慢慢形成了紧张、焦虑的情绪反应，由此形成强迫型人格障碍。

随着咨询的深入我逐渐了解到，志辉的父母都是教师，对他期望特别高，要求也特别严格。用志辉自己的话说，从小就受到父母，特别是母亲的管控和监督。志辉的母亲也进行了深刻的反思，她说自己对孩子期望太高了，管束太多了，要求太严了。志辉的父亲还当过志辉的班主任。志辉说，那段时间他特别有压力，总想着爸爸是自己的班主任，一定要学好，一定要处处严格要求自己。另外，志辉的母亲自身就有强迫型人格特征，她追求完美，严于律己，也在潜移默化中影响了孩子。

/ 心理对策 /

解决志辉的问题，要从改善志辉的人格特征入手。通常，具有强迫型人格障碍的人，可以采取如下方法逐步自我矫正。

一是认知调节法。矫正强迫型人格，先要解决认识问题，要让他真正领悟到：人生没有完美，生活中总有不如意，成功总是相对的，只要努力了就无愧于心。比如，别太拿考试成绩当回事，以平常心对待考试，要明白不是考第一名才算成功。我们是凡人，不是神仙。

二是顺其自然法。具有强迫型人格障碍的人往往过分压抑和控制自己，因此需要学会减轻精神压力。最有效的方式是对任何事都抱有顺其自然的态度，努力去做，做了以后就不再去想它。比如，课桌上的东西没有收拾干净，就让它不干净；字写得别扭，也由它去。

三是当头棒喝法。具有强迫型人格障碍的人，做事十分教条，做事时总想着“应该如何，必须如何”，在某种程度上像个机器人。要改变这种状况，自己可以制造一些当头“棒喝”，当出现某些强迫症状时，对自己大喝一声“停”。这时，人的思维和行为的习惯被打乱，自我意识就能起作用了。若发现自己叫停的力量不够，还可以请自己的好朋友在必要时“棒喝”一声，也会收到较好的效果。

这些方法，都可以帮助志辉矫正自己的强迫型人格障碍。同时，志辉还需要增加户外活动。趁着放暑假，我让志辉开始锻炼，这既能增强体格，又能改善性格。

随后，我与志辉的母亲达成了两点共识：一是家长先改变，主动调整自己的人格特征；二是学会对孩子放手，降低期望，放宽要求。同时，对孩子的所谓症状减少关注，对孩子的改善行为多加关注。最后，我们讨论决定，要逐渐停药。

心病还需心药医。之后，不断传来好消息：志辉彻底停药了，鼻炎不治而愈了，整个人状态越来越好了，他已经开始了新的学习生活。我知道，人格障碍的矫正不是一两天的事，需要一个漫长的过程。但是，我相信，只要继续努力，志辉的未来一定充满希望。

7.2

孩子因为网瘾而逃学，我们该怎么办？
—— 引导孩子重建自信并扩大人际交往

/ 心理困扰 /

姚强是个男孩，上高一了。他的问题有些严重，家长电话预约时急切地要求来访。到底出了什么问题呢？家长说孩子的主要问题就是网瘾，他为了上网而逃学，甚至在家里玩游戏，已经有一个月没去上学了。不过，孩子说好了玩多长时间，到时候就能不玩了，能够说到做到。这确实有点奇怪，能说不玩了就不玩了，还有这样的网瘾吗？

这一天，姚强和家长如约来访了。经过详细的沟通我才发现，姚强问题的关键不是网瘾，他的逃学、玩游戏都是表面现象。那么，背后的根本问题是什么呢？

过去，姚强是个听话、内向、不善交际的孩子，从小学到初中学习一直很好，在班里一直是尖子生。可是到了初三后半学期，姚强的优势保不住了，名次一再下滑。就从这时候开始，姚强就总是想方设法不去上学。过了一段时间，他的名次下滑得更厉害了，他就更加不愿意去上学了。他每次一走进教室，心里就会想同学们会怎样看自己，无论谁说点什么他都特别在意。有一次，一位老师批评了他弓腰驼背的姿势，他久久不能释怀，经常抱怨。还有一次，体育老师说了一句“就这个姿势还能拿冠军”，他更是耿耿于怀，和妈妈说，将来当了大官要整这个老师。就这样，由于他总担心别人说出伤害自己的话，他平时在学校里，下课时也总是躲着大家，甚至有时候干脆不去学校了。姚强除了和妈妈爸爸说话，和其他人都很难交流，在咨询会话中说话也是吞吞吐吐的，交流比较困难。姚强越是不愿意与人交往，就越喜欢一个人待在家里。一个人待在家里能做什么？除了看电视，就是上网了。姚强说一个人上网的时候最舒服，不用担心那么多与人打交道的事情。

后来，姚强去外地上高中。他难以适应外地的环境，最后又转回家乡来。这之后，姚强的症状更明显了，他更不愿意去学校了。

在整个过程中，姚强的父母特别是姚强的妈妈，不停地指责他，常常打击他。姚强的尖子生优势不保之后，姚强的父母抱怨说孩子太不争气，自己被孩子气得不行。最严重的一次，父母一起把姚强痛打了一顿，但并没有解决问题。

/ 心理解析 /

姚强为什么有网瘾？现在我们终于找到答案了，是心理障碍造成了他的网瘾。姚强的心理障碍属于回避型人格障碍，也就是说，姚强的问题主要是回避型人格障碍的表现。

回避型人格障碍又叫逃避型人格障碍，其最大特点是行为退缩，面对挑战时多采取回避的态度。有回避型人格障碍的人被批评、指责后，常常因自尊心受到了伤害而陷于痛苦之中，且很难脱离这种状态。他们害怕参加社交活动，担心自己的言行被人讥笑、讽刺。因此，他们即使参加集体活动，也多是躲在一旁沉默寡言。他们在处理一般性问题时，往往也表现得瞻前顾后、左思右想，时常错过解决问题的时机。在日常生活中，他们多安分守己，从不做那些冒险的事情，除了每日按部就班地学习或工作外，很少参加社交活动。这些人在单位，一般被领导视为踏实肯干、工作认真的好职员，因此，经常得到领导和同事的称赞。可是当领导要对他们委以重任时，他们却往往想方设法推辞。

很多人在面对焦虑或困难的处境时，会采取一种主动的、暂时的回避策略。但是，这不属于病态。具有回避型人格障碍的人，他们的回避带有强迫性、盲目性和非理智性等特点，往往自己主观上并不想回避，却身不由己。

由此看来，姚强有比较明显的回避型人格障碍。而逃学和上网成瘾，不过是回避型人格障碍的表现。姚强想逃避学校生活，退缩到一个人的小天地里，而网络正好是一个可以逃避的地方，而且，心灵还可以在这里得到慰藉和满足。一句话，姚强网络成瘾的背后是他的人格心理障碍。

姚强的案例很有代表性。我们知道，现在几乎人人都离不开网络，但是，绝大多数人并没有网络成瘾，网络成瘾的只是少数人。很多青少年网络成瘾的背后，往往存在着这样或那样的心理障碍。网络成瘾不过是症状，心理障碍才是症结。换句话说，网络成瘾不过是心理障碍表现出来的一个症状，没有这个症状，心理障碍还会在别的地方表现出来。可是，我们往往只看到了网络成瘾，却看不到背后的心理障碍。这也许正是很多青少年的网瘾没有得到很好的矫治的一个重要原因。

现在我们回到姚强的案例中来。姚强的回避型人格障碍是怎样形成的呢?

回避型人格障碍形成的主要原因是自卑心理。姚强的自卑是显而易见的。他说话吞吞吐吐，与人沟通时唯唯诺诺，这些都让人清楚地看到了两个字：自卑。

心理学告诉我们，自卑感往往起源于人在幼年时期由于能力弱小而产生的不能胜任和痛苦的感觉，也包括一个人由于生理缺陷或某些心理缺陷而产生的自己在某些方面不如他人的体验，这就是自卑的萌芽。

自卑的背后往往是过度的自尊，自卑的人往往内心非常要强。而这些人格障碍不是生来就有的。那么，姚强的自卑心理是如何形成的呢？可以说，姚强的自卑源于家庭生活中父母的影响。姚强的父母都是事业心很强的人，为了事业，为了自身发展，结婚六七年才要孩子。当然，两个人也确实都发展得不错。但是，这种要强的性格使他们对孩子期望过高，要求过严，责怪过多。他们越是对孩子期望高，就越是对孩子不满意，就越是给孩子较多的消极评价。结果呢？孩子得不到认可，得不到肯定，无法满足心理需求，变得越来越自卑。另外，姚强的父母在生活上又对孩子太过溺爱，从而剥夺了孩子锻炼的机会，使他生活能力较差。这也会加重孩子的自卑心理。自卑，自惭形秽，怎么办？逃避、回避、退缩，便是最理想的出路了。于是，他就慢慢形成了回避型人格障碍。你看，问题家庭就是这样“培养”出了问题孩子。

孩子在家里得不到认可，得不到肯定，满足不了心理需求，怎么办？偶然上网的姚强发现了一个好去处，网络正好可以满足他的心理需求。于是，他一发不可收拾，终于网络成瘾了。

大量的案例告诉我们，有些青少年网络成瘾，并不是因为网络上有色情和凶杀等刺激信息，而是因为网络游戏可以让青少年得到认可，得到肯定，满足心理需求。在网络世界里，他们找到了成功的感觉。一个男孩曾经告诉我：“您知道我们为什么那么迷恋网络游戏吗？在网络游戏中，我总能得到‘你真行！’‘你真棒！’‘你又成功了！’的评价，这是我在家里、在学校里都不曾得到过的。”这就是青少年的心声。可以说，青少年网络成瘾的一个更普遍的现实原因是，网络生活比现实生活更能满足青少年的心理需求。

/ 心理对策 /

解决姚强的问题，关键不是矫治网瘾，也不是惩罚逃学，因为那些不过是表面现象。只有亲子协作共同调整，才是矫正姚强的回避型人格障碍的关键。

矫正回避型人格障碍第一个重要的方面，是姚强必须主动地进行自我调整。

进行自我调整首先需要消除自卑心理，重建自信。

我给姚强讲了那个胆小的少年看心理医生的故事，并对他说："你与其想办法克服胆小，还不如想办法增长自己的学识、才干。当你拥有较多的见识，拥有较大视野的时候，就算你想做个懦夫，都很难了！"

这个故事给姚强带来很多启迪。

一要正确认识自己，提高自我评价。姚强感到自卑的最主要原因，是他不能正确认识和对待自己。因此，要消除自卑心理，就要从改变自我评价入手。要善于发现自己的长处，肯定自己的成绩，不要太在意别人的评价，不要把别人看得十全十美，把自己看得一无是处，要看到他人也有不足之处。

二要正确认识自卑心理的利与弊，提高克服自卑心理的自信心。自卑的人不仅要正确认识自己各方面的特长，而且要正确看待自己的自卑心理。自卑的人往往都很谦虚，善于体谅人，不与人争名夺利，安分随和，善于思考，做事谨慎。认识这些优点也可以增强自信。

三要进行积极的自我暗示。在生活中，每当感到自信心不足时，不妨自己给自己壮胆："我一定会成功！"

进行自我调整还需要增加与人的交往。

具有回避型人格障碍的人，都存在着不同程度的人际交往障碍。因此，姚强要遵循从易到难的原则，给自己制订一个交友计划。比如，从给同学打个电话开始，到与同学见面聊聊天，再到互相串串门，共同参加活动等。

矫正回避型人格障碍第二个重要的方面，是家人积极地合作并调整自身的行为。

姚强是将要成年的高中生了，因此，自我调整是非常重要的。但是，矫正姚强的回避型人格障碍还需要家人的积极配合，需要他们对亲子关系和家庭生活做出相应的调整。也许这才是真正的釜底抽薪。

就此，我与姚强的家长做了较多的交流。姚强的家长也有了较深的领悟，妈妈还流下了后悔的眼泪，她十分后悔自己因为对孩子期望过高而给他造成了压力和打击。最后，我们取得了共识：一是家长要努力调整对姚强的期望值，把期望降下来，把评价提上去，让孩子在家庭生活中得到认可，得到肯定，满足心理需求，帮孩子重新找到自信心；二是支持姚强积极与人交往，锻炼其交往能力，并对姚强的改变及时给予鼓励。

经过几方面的积极努力，几个月后，姚强的回避型人格逐渐淡化，慢慢开始了正常的学习生活。让姚强的父母感到奇怪的是，姚强的网瘾也基本没有了。

其实，说奇怪也不奇怪，心理障碍消除了，生活也就正常了，哪里还会有什么网络成瘾?

最后我想说，家长若发现孩子有了网瘾，一定要想想是不是孩子的心理出了问题，是不是家庭生活出了什么问题。

7.3

孩子考进重点高中后想要休学，这可怎么办？
—— 帮孩子保持平常心

/ 心理困扰 /

这是一个让不少人感到意外的消息：长胜因病休学了！

长胜从小在他人的赞扬声中长大，他小学毕业后凭自己的实力考入了一所重点初中。到初中后，他的成绩更是一路飙升，一直升到年级前三名，班上第一名更是非他莫属，老师和同学都叫他“常胜将军”。初中毕业后，他考入了区重点高中的重点班，并且当上了班长。也许是这几年的生活太顺利了，长胜真把自己当成了“常胜将军”，觉得自己能力超群，只要自己想要的，就会无往而不胜。

可他没想到的是，重点高中的重点班里，居然人才济济、强手如云。入学后的第一次考试，长胜只考了个中游。这让缺乏心理准备的长胜承受不住了，他觉得自己没有资格再继续当这个班长。几天后，长胜提出辞职。班主任老师做了很多工作也没留住他。辞去班长后，长胜并没有得到解脱，眼看别人当上了班长，他的压力更大了。他觉得自己一无是处，觉得谁都比自己强。但是，他心里又不服气，弄得同学关系非常紧张，心灵陷入极度的矛盾和焦虑之中。

从那以后，长胜上课也听不进去了，作业也做不出来了，精神也萎靡不振了。此时，长胜提出想休学，第二年重读高一。家长也想借休学的机会，让孩子一边吃药治疗，一边调整。

就这样，长胜开始了漫长的休学生活。转眼半年多过去了，长胜不仅没有好转，症状反而更严重了。他总是想睡觉，总是发呆，一点精气神也没有了……

长胜的母亲无奈地介绍说："孩子从小就好面子，虚荣心强，喜欢争强好胜。谁要比自己强了，就嫉妒，就生气。初中三年对孩子的影响很大。上初中时，由于成绩不断提高，孩子更觉得自己非同一般，是个了不起的人物，而且还经常说自己将来要当领袖，要当伟人。孩子也经常看一些古今中外的大人物的传记，总想当大人物。他还越来越瞧不起我和他爸爸，认为我们档次低，甚至还说，他将来不能过我们这样的生活。他中考考进了区重点高中，家里人都很高兴，他自己却很失望，觉得没有考进市重点高中是个失败……"

咨询时长胜对我侃侃而谈："我觉得人活着就得有一个目标，就得有一个理想，就得做出一番事业，像很多人那样平平庸庸、碌碌无为，还有什么意思？我自认为是个有理想、有抱负的人，自认为不是个平庸之辈，初中三年大家都叫我'常胜将军'。没想到，我刚到高中就考了个中游，我怎能如此一败涂地？我就是接受不了自己的失败，不知如何是好……"

/ 心理解析 /

至此我可以诊断，长胜具有自恋型人格障碍。自恋型人格障碍最突出的特点是极端地以自我为中心。

具体说来，自恋型人格障碍的主要表现为：无法接受别人的拒绝和批评，如果受到了这样的对待，直接反应是愤怒、对他人充满敌意，甚至会采取报复行动；认为别人关注他、赞美他、帮助他是理所当然的，喜欢指使别人；自我评价极高，自我中心意识过强，渴望别人持久的关注；对成功、权力、荣誉或理想的爱情有不切实际的幻想；缺乏同情心，对人冷漠，很少能设身处地理解别人的情感和需要；责任感差，做错事总喜欢寻找借口为自己开脱；热衷于和他人竞争，希望通过打败他人来证明自己优秀。只要符合上述项目中的五项，就可以诊断为自恋型人格障碍。

长胜的自恋型人格障碍是很明显的。一次考试成绩处在班级中游，放在别人身上，也许并不是什么失败，可对如此自恋、如此自我膨胀的"常胜将军"来说，考试成绩居中就是一败涂地了。这样的心态，怎能不焦虑？怎能不抑郁？长胜休学回家，就是一种逃避。

/ 心理对策 /

心病还需心药医。要想帮助长胜真正告别心病重返校园，必须采取各种措施消除他的自恋型人格障碍，帮助他从自我膨胀中走出来，保持一颗平常心。在后续的几次心理咨询中，我主要从以下几个方面进行心理疏导。

第一，改变认知，促进领悟。长胜虽然经历了一次挫折，但由于心理上没有进行调整，自恋型人格障碍仍然根深蒂固。果然，当我问道："如果重返校园，你有怎样的打算？"长胜振振有词："我一定要夺回我过去的辉煌，一定要东山再起！"很明显，长胜依然相当自恋。

有时候，人被挤到墙角才知道转身，被逼到绝路才会回头。为了让长胜迷途知返，我不得不把长胜往墙角挤："如果你以这样的心态复学，很快就会旧病复发再次休学。如果你不能调整心态，我们的心理咨询关系也很难继续保持。"

长胜听懂了我的意思，突然转弯："不，您不能放弃我，我要换一种心态……"

看时机已到，我们就自恋型人格障碍及其矫正进行了多次交流。

第二，停止盲目服药。在他们第二次来访时我就提出尝试停药的建议。长胜及其家长都非常理解，同意尝试停药。停药后，我们每周沟通一次，结果他没有任何异常反应。而且，由于调整了认知，长胜烦躁不安的状况逐渐减轻，心态逐渐变得平和。在一次电话沟通中，长胜的母亲高兴地告诉我："停药这么长时间了，孩子没有什么不好的反应，心情平静下来了，不再烦躁了，不再坐不住了。以前白吃了那么多药，真不如早些做心理咨询呢。"

第三，改变生活状态。在长胜及其家长第三次来访的时候，经过反复协商，我们共同做了一个决定：改变生活方式，让长胜开始过正常人的生活。一是调整作息时间。逐步恢复正常的作息时间，无论如何都要坚持按时起床。二是调整活动内容。暂时停止读书活动，做些力所能及的事，比如协助家人做家务、去社会上做兼职等。总之，不能待在家里什么也不做。三是调整读书内容。如果作息时间和活动内容都得到了调整，可以让长胜在闲暇时间读书，但暂时不要读课本，可以适当看一些心理健康读物。针对长胜的情况，我向长胜推荐了我的《主宰你的情感》《塑造你的性格》等书。

长胜再次来访的时候，精神状态明显好转。

长胜的母亲说："孩子的作息正常了，生活也正常了。特别是走出家门做兼职后，他像变了一个人，心情好了，也懂事了，对我们的态度也好了，还开始帮助我们做家务了。"长胜自己说："两本书我都看了，很多地方对我触动很大。走出家门做兼职的经历，让我对许多事情有了新的理解。我开始能够正确看待自己，正确看待他人，特别是更理解父母，更懂得了父母的艰辛和伟大……过去我确实是把自己看得太高了，现在重新找回了自我。"

最近一次见到长胜，是新学期开学三个月后了。长胜脸上露出了从没有过的舒心笑容。他告诉我："现在终于体会到了，把自己当个平常人，其实感觉也挺好的。"

7.4

孩子总说在学校里不好，总想待在家里，这是为什么？
—— 帮孩子学会独立

/ 心理困扰 /

天博是个 17 岁的高中男孩，他已经好久没去上学了。妈妈左劝右劝，好说歹说，都不管用。实在没有办法了，母子俩来到我这里咨询。

咨询中，我先倾听了天博的母亲的诉说：“天博从小是个挺乖的孩子，小学六年中虽转过几次学，成绩却一直名列前茅。中考后，我通过各种关系，把他转到外地的一所重点学校。一开始一切都很顺利，班主任老师还安排他当了班干部，他自己也热情高涨。我看开局不错，也就放心了。不久文理分班，我给他做主报了文科班。

“谁知道，这所学校管理非常严格，开学不久就开除了几个学生，有的男老师还打学生。天博接受不了，总要求回家。孩子跟我们说，学校怎样怎样不好，老师怎样怎样不好。我知道，孩子有些挑剔，我就做孩子的思想工作，总算打消了他的念头。可是，不久后孩子在学校里又和老师闹了矛盾，再次要求回家，但老师就是不准他请假。结果，孩子和老师闹僵了，孩子很冲动地冲了出去，说要自杀。这次，我也和老师急了：‘孩子受不了了，想请假回家，为什么就是不允许！’

“在这种情况下，我们给孩子转了学。到了新学校，我们跟老师沟通，安排他当了纪律委员。这所学校的管理很人性化，与前面的学校形成了强烈的反差。文理分班的时候，我自作主张给孩子报了文科班。这样的事，一向都是我做主。可是，他后来又说这个班也不好，又让我们给他换班，要不就转学。

“后来，我们又给孩子转过两次学，孩子都不适应，他不是说老师不好，就是说同学不好。于是，他从住校换成走读，后来走读也上不下去了，就时不时地不上学了。大概就从那时候开始，孩子就经常身体不好，长期待在家里，到现在已经好久没去上学了。

“在这期间，我们带孩子去看过心理医生。医生说他得了抑郁症，让他吃药。但吃药也不管用，孩子还是没去上学。我感觉孩子待在家里的时候好像没什么病，但他就是离不开家。一个大小伙子，为什么会离不开家？”

经过进一步的沟通，我了解到了天博特殊的成长经历。

天博是父母超生的孩子，所以他出生后家人不敢让人知道。他生下来就东躲西藏的，大多数时间是和姥姥一起生活。直到快要上小学了，天博才被父母接到身边。父母为了掩人耳目，上小学时就经常让他转学。可以说，天博从小没有几天和妈妈生活在一起，即便长大一些了，也没有过几天安生的日子。

天博的母亲说：“在孩子十二三岁的时候，我和孩子的父亲离婚了。我们没有大吵大闹，但是我知道，孩子还是很受伤。我是个要强的女人，为了不让孩子再受伤，我决定一个人把孩子拉扯大。想想孩子小时候的经历，再看看我们孤儿寡母相依为命的现状，我只能加倍地爱孩子。除了工作，我把全部的心思都放在了孩子身上。

“我就想好好补偿过去亏欠孩子的。所以，至今孩子的生活起居，都是我伺候的。他真是饭来张口、衣来伸手。孩子有点不高兴，我就不知道该如何是好。只有这样为孩子忙忙碌碌，我才觉得自己的心安宁、踏实。不仅生活上是这样，孩子的许多事，例如换班、转学、选文理科，都是我替孩子做决定的。孩子慢慢也习惯了这种模式，凡事都找妈妈，生活上大大小小的事，什么都不会，都要妈妈伺候。就是我上班了，孩子有点事也会打来电话，问我该怎么办。起初，我也没有觉得这有什么不好，哪知道现在孩子不只是离不开妈妈，还离不开家了。我该怎么办呢？”

为了更好地诊断，我与天博进行了单独的交流。这是一个规规矩矩的男孩，经过沟通和观察，我发现天博没有任何抑郁症的症状，精神状态完全正常。

说起不上学的原因，天博告诉我：“我一到学校就心里难受，身体也难受，整个人都不舒服。同学关系也让我难受，和同学在一起时我总是随声附和，委曲求全，总怕惹谁不高兴了，所以同学关系看上去不错，可我心里却不舒服。因此，我就不愿意去上学了，到现在已经快一年了。在家里妈妈跑前跑后地照顾我，我也就感觉在家里比在学校里舒服，就更不愿意离开妈妈、不愿意离开家了。可是，我一个人在家里又很孤独，就经常给妈妈打电话。我知道自己这个年龄应该去学校，可我就是适应不了学校的生活。”

/ 心理解析 /

我现在可以诊断，天博的问题主要是由依赖型人格障碍引起的。

有一个家喻户晓的民间故事，对依赖型人格障碍进行了很形象的刻画。有一对夫妇晚年得子，十分高兴，把儿子视为掌上明珠，捧在手上怕飞了，含在口里怕化了，什么事都不让他干。结果，儿子长大以后连基本的生活自理能力都没有，大事小事都依赖父母。一天，夫妇俩要出趟远门，怕儿子饿坏了，于是想了一个办法，烙了一张大饼，套在儿子的脖子上，告诉他想吃时就咬一口。结果，等他们回到家里时，儿子还是饿坏了。原来，他只知道吃前面的饼，不知道把后面的饼转过来吃。

这个故事未免有些夸张，但是，现实生活中却有许多似曾相识的情景。不少独生子女生活自理能力极差，表现出很强的依赖性。

具有依赖型人格障碍的人，对亲近与归属有过分的渴求，这种渴求是强迫的、盲目的、非理性的，与真实的感情无关。这样的人，只要能找到一座靠山，宁愿放弃自己的人生追求，希望能时刻得到别人对他的温情。这种处世方式，使他越来越懒惰、脆弱，缺乏自主性和创造性。

具体说来，依赖型人格障碍的特征主要表现为：第一，若无法从他人身上得到足够的建议和保证，便不能对日常事务做出决策；第二，做事缺乏主见，只能让别人为自己做重要决定，如该选择什么职业等；第三，怕被他人遗弃，明知他人错了，也随声附和；第四，缺少独立性，很难单独制订计划或独立做事；第五，过度容忍，为讨好他人甘愿做自己不愿做的事；第六，独处时有不适和无助感，总是努力逃避孤独；第七，当亲密关系中止时会感到无助或崩溃；第八，很容易因未得到赞许或遭到批评而受到伤害。只要满足上述特征中的五项，即可诊断为依赖型人格障碍。

天博的依赖型人格障碍是非常明显的。那么，天博的依赖型人格障碍是怎样形成的呢？

心理学观点认为，依赖型人格源于人类发展的早期。人在幼年时期离开父母就不能生存，他必须依赖父母，因而在儿童的印象中，保护他、养育他、满足他一切需要的父母是万能的，他总怕失去这个保护神。这原本是人之常情。但是，如果父母过分溺爱，不让孩子有长大和自立的机会，久而久之，孩子就会逐渐产生过度依赖的心理，不能自主，不能自立，缺乏自信，缺乏独立性，只能依靠他人来做决定，不能负担起自己的人生责任，最终就会形成依赖型人格障碍。

天博从小四处躲避，不能跟母亲一起生活。早年母爱的缺失，在他的内心深处埋下了不安全的种子，让天博产生了比一般孩子更重的依赖心理。正是由于这段特殊的经历，母亲总觉得亏欠孩子，产生了一种强烈的补偿心理，于是给予孩子太多的关注，从而剥夺了孩子锻炼的机会，压抑了孩子的独立意识和自主意识，更强化了孩子的依赖性。后来，父母离异，母子俩相依为命，进一步加剧了天博内心的不安全感，强化了他对母亲的依赖。

更重要的是，母亲的单身生活，给天博带来了更为不利的影响。

母亲离异后没有再婚，这似乎对孩子有一定的好处。但是，即使是很独立的女人，离婚后独自抚养孩子，也会体验到强烈的失落感和孤独感。于是，母亲很容易把自己的心理能量，全部指向孩子，全部聚焦在孩子身上。表面看来，这似乎是对孩子的爱，实质上是对孩子的依赖。这时候，与其说是孩子依赖母亲，不如说是母亲依赖孩子，母亲把孩子当成自己唯一的精神寄托。于是，母亲对孩子就会反应过度、关心过度、呵护过度、保护过度、照顾过度，一切都为孩子开路、为孩子铺路，包括为孩子转学，为孩子与老师沟通，等等。这一切似乎是为了满足孩子的需要，实质上是为了满足母亲自己的情感需要。

这是单身母亲极容易出现的问题。这种由依赖演化而成的爱，很容易过度聚焦。就好比阳光过度聚焦会烧坏花草一样，过度聚焦的爱也势必会伤害孩子的心理健康，剥夺孩子自然成长的空间。这个伤害最直接的结果就是，孩子越来越难以自立，越来越依赖别人。于是，天博的依赖型人格障碍就慢慢形成了。

总之，是母亲对孩子的依赖，导致了孩子的依赖型人格障碍；是母亲过度聚焦的爱，“烧”坏了孩子的心。一句话，孩子成了过度聚焦的母爱的牺牲品。

/ 心理对策 /

既然天博没有病，更不是抑郁症，他就应该正常生活，努力做个正常人。天博的内心并不缺乏独立自主、积极向上的种子，但我们需要激发这颗种子成长。为此，我跟天博说，成长难免要经历阵痛。我还列举了很多例子。天博很快领悟到，自己要经历一番身心的磨砺，才能真正健康地成长起来，才能真正自立。最后，天博表示，回去后要努力学会自立，努力开始正常的学习生活。

消除天博的依赖型人格障碍，关键在于母亲。只有母亲改变了，孩子才能逐渐发生改变。于是，我与天博的母亲做了较多的交流。

我给天博的母亲讲了一个故事。一位心地善良的老人经常在郊外散步。有一次，他在草丛中看到了一枚蝶蛹。那还是早春时节，老人怕蝶蛹挨冻，就小心地把它带回家精心保护起来。不知不觉中，春天真的来了。老人精心保护的那只蝶蛹里面也开始有了动静。过了几天，里面的幼蝶把蛹壳拱开了一条小缝。可是，那幼蝶太娇嫩、太弱小了，挣扎了好长时间也出不来。老人急得不知如何是好。看幼蝶总是出不来，老人急了，想到了现代医生常用的剖宫产。于是，他便找来剪刀，小心翼翼地将蛹壳剪开，把那只幼蝶从壳中放了出来。看到这美丽的小生灵出壳了，老人为自己的“善举”感到十分得意。然而，老人并没有笑太久。因为，美丽的蝴蝶虽然出壳了，可它的翅膀却软弱无力，完全是一副病态模样，根本飞不起来。没过几天，蝴蝶便夭折了……

之后，我们又谈到了老鹰怎样培养小鹰，谈到了狐狸怎样训练小狐狸。

这是一个很有悟性的母亲。很快，我们就取得了最基本的共识：对孩子要狠心，要放手。也就是说，从现在开始，母子俩要拉开距离，母亲要狠狠心藏起一半的爱，促使孩子经历成长的阵痛，逐步学会独立，尽快走进校园，尽快开始正常的生活。要孩子学会独立，母亲首先要学会独立，学会安顿好自己的心，不要再把心思全部放在孩子身上，不要在感情上太过依赖孩子。天博的母亲表示一定要从改变自己做起，进而帮助孩子改变。

不久后我从电话反馈中得知，天博的母亲下了狠心：不再叫起床，不再管做饭，不再管这管那，不再婆婆妈妈。母亲的改变给天博的内心带来了冲击。天博意识到自己也该拿出行动了，于是，他开始学着照顾自己，开始做家务，并且毅然决定重新走进学校。我知道，天博虽然重新走进了学校，但未来还会出现反复。不过，只要母亲肯独立，肯放手，天博必定会变得越来越独立。

7.5

孩子情绪多变，不想上学，还用小刀割腕，该如何是好？

——引导孩子自我反省，理性调控

/ 心理困扰 /

有一位家长朋友曾向我诉说他的困扰：“我女儿今年 13 岁，刚刚上初一。孩子上小学时非常优秀，性格活泼，好交朋友，爱好钢琴、游泳、画画，学习也好，还是大队长、市优秀学生干部，老师很喜欢她，同学关系也不错。

“上中学后，她就非常不喜欢现在的学校。这里的老师有点严厉，她有点不习惯，对老师的严厉非常不满。入学后不久班里竞选班干部，她不想参加竞选，我们同意了她的选择，可是她自己却有点闷闷不乐。后来，她又因为第一次考试成绩只排在班级中游而烦恼。

“国庆放假时，我们带她去北京玩了四天，玩的时候很高兴。回来的路上，她的心情开始变坏，说不想上学，想逃离这个家，想变成小鸟飞走。回来后她就没去上学，而且自己用小刀划破了手指，我们没有理睬她。后来，她又用小刀割自己的手腕，刀口不是很深，但也流了血，她还用小瓶把流出的血装了起来。

“现在她的情绪基本稳定了，但是仍然不愿意去上学，一说上学就心烦。实际上，她的学习能力是没有什么问题的。这孩子小时候就比较任性，我们也有点娇惯她，不知该如何是好。”

/ 心理解析 /

女孩确实不存在学习能力问题，却存在癔症型人格障碍。

癔症型人格障碍，也叫表演型人格障碍，最大的特点是过分情绪化，以自我为中心，总希望引起他人的注意。这种人格障碍多见于女性，各年龄段都有，一般在 25 岁以下的青少年中比较常见。《中国精神疾病分类方案与诊断标准》中规定，具有下述症状中的三项，就可以诊断为癔症型人格障碍：第一，表情夸张，装腔作势，情感体验肤浅；第二，暗示性强，很容易受他人的影响；第三，以自我为中心，要求别人符合他的需要或意志，自己不如意就给别人难堪；第四，经常渴望表扬和同情，感情易波动；第五，寻求刺激，过多地参加各种社交活动；第六，需要别人的关注，为了引起注意，不惜哗众取宠，危言耸听，或者在外貌和行为方面表现得过分夸张；第七，情感反应强烈、易变，完全按个人的情感判断事情的好坏；第八，说话夸大其词，掺杂幻想情节，缺乏具体的真实细节，难以核对。

把女孩的情况和上面的特征相对照，可以很明显地看出，女孩存在癔症型人格障碍：总是试图引人关注，以自我为中心，情绪多变，反应过度，说话掺杂幻想情节等。女孩上小学时非常优秀，每天面对鲜花和笑脸。到中学后，她依然怀着这样的期望，但是她已不再是大家关注的中心和焦点。于是，她感到非常失落，从而有了“非常不喜欢现在的学校”“对老师的严厉非常不满”“不想参加竞选”等表现。她不愿上学，也是因为不能面对不再是大家关注的中心这种局面。用小刀割手腕，具有明显的表演性。她身上的癔症型人格障碍是很明显的。

癔症型人格障碍是怎么形成的呢?

一般认为，癔症型人格障碍首先与早期家庭教育有关。如果父母溺爱孩子，过分保护孩子，对孩子娇生惯养，放任自流，很容易让孩子养成任性、固执、哭闹无常等脾气，形成人格上的偏差。癔症型人格障碍还与心理因素有关。如果一个人从小就非常喜欢在各种场合抛头露面，卖弄各种小聪明，周围大人又对这种行为加以夸奖，那么，他就会越来越起劲。这种行为很容易被强化进而稳定下来，使其形成癔症型人格障碍。很明显，这两个方面的原因，在这个女孩身上都存在。

/ 心理对策 /

一般来说，随着年龄的增长和心理的逐渐成熟，癔症型人格障碍的症状会逐渐减轻，但并不能保证它可以自行消失。而且，孩子在青少年时期如果不加以调节，症状还会加重。因此，家长在孩子青少年时期就应该注意消除其不良的人格障碍。父母可以指导孩子运用下面的方法进行自我调节。

第一，运用自我反省法来调节。父母平时要指导孩子，学会主动反省自己的言行是否失常。睡觉前冷静客观地回想一下自己一天中的各种表现，并站在他人的立场上想想这些言行是否恰当，如果别人这样做自己感觉如何，等等。父母指导孩子通过冷静的分析和思考，找出自己人格中的不足，并有意识地加以控制和调节。孩子还可以将这个反思的过程写成日记。

第二，运用自我暗示法来调节。父母可以指导孩子用“不要太激动”“不要出风头”“不要自作多情”“不要唯我独尊”“不要以自我为中心”等暗示语，来控制自己的情绪。也可以用较长的暗示语：“为什么自己一定是太阳？为什么别人一定要对我好？我一定要改掉这个毛病，我有决心和能力改掉这个毛病。我以后再也不唯我独尊了，不再想方设法去引人注意了，不再感情用事了……”经常这样自我暗示，可以调整心态，进而改变性格。

第三，运用劳逸结合法来调节。父母应指导孩子合理地安排学习和生活的时间和强度，注意劳逸结合，保证大脑得到充分的休息，增强对精神刺激的耐受力。同时，要引导孩子学会平息由外界刺激引起的内心冲突和矛盾，使自己的情绪保持相对稳定。

第四，运用升华法来调节。演员为了使观众沉浸到剧情之中，要利用自己的表演去打动观众。有癔症型人格障碍的人也具有一定的表演才能。只是这种表演是为了表现自己，引人注意。如果把这种潜在能量释放到文艺表演中去，那么，这种人格障碍就会在文艺表演中得到升华。

当然，最重要的是父母改变对孩子的教育态度。一是不要再娇惯孩子，把孩子当成大人，帮孩子走向成熟，让孩子学会对自己负责。二是接受自己的孩子也是一个平常的孩子，进而帮助孩子接受自己。三是注意孩子的年龄特征，沟通时注意交流的方式。

第八辑

孩子如此反常，是不是得了心理疾病？

在最后这一辑中我们看到，有时孩子不愿走进校园，是因为孩子出现了病态心理，患上了心理疾病，如学校恐怖症、公厕恐怖症、体型嫌恶症、儿童抽动症、心因性遗忘症等。

面对孩子的病态心理，家长应该怎样对症下药？

相信您能从本辑中找到需要的答案。

8.1

孩子一到学校就浑身难受，这可怎么办？
—— 引导孩子逐步消除恐惧心理

/ 心理困扰 /

一个男孩和他的父母来我这里咨询。男孩是个中学生，讲礼貌，文静，还有几分羞涩，看着就招人喜欢。我说出了自己的感受，男孩的父母也说，孩子从小就非常听话，非常规矩，很招人喜欢。这个男孩遇到了什么问题？

男孩的父亲接下来说："孩子从八年级开始生病，总头疼，上不了学，最后只好休学一年。好容易复学了，年前孩子的身体又出了问题。最初是感冒，后来他不是这里不好受，就是那里不好受，反正又不能去上学了，男孩说等过了年再去。可是，年后开学了，他还是这里不好受，那里不好受，还是没能去学校。又过去一个月了，这可怎么行？"

男孩的母亲接过话头说："就是呀，这样不是把孩子给耽误了吗？孩子本来学习挺好的。上八年级之前，他每次考试总排在年级前十名，就因为一次考试考得不好，英语老师批评了他几句，他就不去上学了。亲朋好友都来做工作，跟他讲道理。每次做完工作，他都答应去上学，头天晚上就准备，当天早起继续准备。可是要出门时，他就在屋里来回地转悠，不停地搓手，就是不出门。"

男孩的父亲接着说："看他那样子我就着急。最近这一次，又是好多人来做工作，他也做好了准备，可到该出门时又是老样子。我连急带气，动手打了他。没想到这次他还手了。随后，孩子知道自己做错了，抡起手上的东西砸自己的头，当场把自己砸晕了。我们都吓坏了，赶紧把他送去医院，总算没出大事。”

男孩的母亲接着说：“您说我们就这么一个孩子，真要有个好歹，我们可怎么办？这些日子我只好不去上班了，在家里陪他。在家里，他没精打采，我愁眉不展。他在那屋躺着，我在这屋躺着。您说，这叫什么日子？孩子再这样，我可真受不了啦！您是专家，听说您救过不少孩子，您也救救我们的孩子吧！”

男孩的母亲泪水止不住地流了下来，我递过纸巾。母亲的情绪平复了一些后，又说：“孩子不想去上学了，想出去打工，跟我们说了好多理由，一会儿说这，一会儿说那，我们也不知该怎么办。”

这时候，我心里已经对男孩的问题有了大致的判断。但是，我必须和男孩进行沟通，来进一步印证我的判断。于是，在单独会话时，我先请他谈谈他希望我帮他解决什么问题。

男孩列举了许多自己不想去上学的原因，什么老师态度不好哇，什么学习成绩不好哇，什么上大学不是唯一的出路哇，什么打工一样挣钱哪，等等。他自己想放弃学业，就是怕爸爸妈妈受不了。

很明显，这些都不是男孩想放弃学业的根本原因。于是我说：“马老师一点也不认为上大学是人生的唯一出路，马老师甚至很赞成你的观点，那么多人没有上大学依然拥有成功的人生，怎么你就不行？再说，即便上了大学，不是也有辍学创业成功的人吗？问题的关键是，人家放弃学业是主动选择，你放弃学业是主动选择吗？”

男孩不说话了，笑容消失了。过了好一会儿，他才坦言：“您说得对，我是和他们不一样，我知道上学的好处，我不是主动选择，我是……”

我说：“你是心理上遇到了困难……”

男孩低下了头：“对，正像您说的，我是心理上遇到了困难。”

我问道：“你遇到了什么困难呢？愿意说说吗？我们来一起想想办

法……”

男孩陷入了痛苦的回忆：“从小，爸爸妈妈就非常疼爱我，对我期望很高。我却总是感觉自己不行，很自卑，虽然我很努力，但我总怕成绩不好，总怕被老师批评。那次英语老师在课堂上批评了我，过后我就不敢再看英语老师了，上课也不敢抬头了。后来，我也不敢看别的老师了，什么课都不敢抬头了。我越不敢抬头，就越怕老师和同学的眼光。再后来，我一到学校，一进教室，就心里难受、浑身不自在。怎么说呢？有种说不清的紧张感，浑身上下都紧绷绷的。哎呀，简直太难受了。我实在受不了了，就请假回家了。一回到家里，就什么事也没有了。可是再去学校我还是有那种感觉，就再次请假回家。就这样，断断续续地，我就不能好好上学了，为这，我还休学了一年。今年开学后还是不行，一到学校我还是浑身难受。我这究竟是怎么啦？”

/ 心理解析 /

至此我可以诊断，男孩患有学校恐怖症。

学校恐怖症是恐怖症的一种，大多发生在中小学生身上。其特点是学生对学校产生强烈的惧怕感，拒绝上学；如果被强迫上学，就会产生明显的焦虑和惊恐，还会出现一些躯体症状。

学校恐怖症的主要表现，一是害怕去学校，害怕参加考试，害怕当众出丑；二是如果被强制带去学校，会产生焦虑情绪和身体不适，如心神不宁、紧张不安、面色苍白、心率加快、呼吸急促、腹痛呕吐、便急尿频等；三是如果暂时休息不去学校，焦虑情绪和躯体症状很快会得到缓解；四是患病的学生多数是好学生，即便不是学习尖子，也是循规蹈矩的学生。

引起学校恐怖症的原因有很多，既有内因也有外因，归纳起来有以下几点。

一是性格缺陷。患病学生大多缺乏自信，胆小多疑，太仔细，太谨慎，太敏感。他们有强烈的被威胁感，对学校生活很不适应，因而选择家庭作为逃避威胁的场所。

二是溺爱和过分保护。家人对这些学生的溺爱和过分保护，使他们依赖性强，独立性差，难以适应学校生活。

三是期望值过高。由于家长和老师对孩子的期望过高，导致有些学生对自己也有较高的期望。过高的期望超出了他们的心理承受能力，使他们渐渐产生焦虑感，害怕学校，害怕考试。

从上面的沟通中我们不难发现，这三方面原因在这个男孩身上，都不同程度地存在。

/ 心理对策 /

听我用通俗的话表达了上面的意思后，男孩仿佛遇到了知音："谢谢您能理解我。以前我的这种感觉没人能理解，老师不理解，爸妈也不理解。我实在受不了了，就休病假。休息几天后自己很想去上学，但就是走不出去，到最后只好又不去上了。其实，我知道不能放弃学业，我也不想放弃，可是我真的不知道自己该怎么办，我真的对自己感到绝望了！"

我表示理解："所以，你找了那么多理由，其实就是给自己找点心灵上的安慰，减轻一些痛苦。可是，这样的自我安慰，并没有真正帮你减轻痛苦，也没有使你的心灵得救……"

男孩睁大眼睛看着我说："我知道那是自我欺骗，可是我怎样才能救自己呢？"

至此，我们的咨询会话向前推进了一步：寻求改变的策略。改变的策略包括以下几点。

一是通过认知疗法促进改变。

心理学家曾经做过这样一个实验。实验人员把大白鼠放进装满水的水池中，看它们拼命挣扎求生能坚持多长时间。实验结果发现，大白鼠一般能坚持 8 分钟左右。接下来，实验人员在同样的水池中再放入一只大白鼠，在它挣扎了 5 分钟左右的时候，在水池中放入一个可以让它爬出水池的跳板，这只大白鼠得以活了下来。若干天后，实验人员再将这只大难不死的大白鼠放入同样的水池，结果奇迹出现了，这只大白鼠竟然可以坚持 24 分钟，是其他大白鼠能够坚持的时间的 3 倍！这只大白鼠创造了奇迹，强烈地震撼了实验人员。实验在 24 分钟时结束，大白鼠得救了。大白鼠为什么能坚持那么久？因为它有一种精神力量，它相信在某一个时刻，一个跳板会救它出去，这使得它能够突破生命极限，创造生命的奇迹。这种精神力量，就是希望的力量。

沟通至此，男孩的眼睛亮了，他抓住我的手："您是说我还有希望？我还能救自己？"

我的手和男孩的手紧紧地握在一起。我们就人的无限潜能，就人的希望的力量，就人积极自救可以创造奇迹，进行了深入交流，男孩对自己充满了信心。

二是通过行为疗法促进改变。

针对学校恐怖症，较好的行为疗法是系统脱敏疗法。系统脱敏疗法，是一种减轻或消除恐怖、焦虑等症状的心理疗法。因为治疗过程是有序而连续的，所以被称为系统脱敏疗法。

这种疗法的原理是：恐怖、焦虑等症状的出现，是因为原来不会引起恐怖、焦虑反应的中性刺激与恐怖、焦虑反应多次结合，进而演变成较为稳固的恐怖、焦虑刺激。如果能把这种演变而来的恐怖、焦虑刺激与松弛反应多次结合，就能逐渐削弱恐怖、焦虑刺激与恐怖、焦虑反应之间的联系，减轻对恐怖、焦虑刺激的敏感性，从而使它们最终还原成不引起恐怖、焦虑反应的中性刺激。

比如，就学校恐怖症来说，治疗方法可以分为这么几步：请同学来家里帮男孩补习功课；请老师来家里给男孩辅导；让家长陪孩子在教室里学习；让孩子在教室里单独学习；让孩子在教室里和几个同伴一起学习；让孩子在教室里由老师单独辅导；让孩子在教室里和几个同伴一起听老师辅导；让孩子在教室里正常上课。具体排列顺序可以根据实际情况安排。原则就是不给孩子逃避的机会，孩子适应了较轻的情境之后，再进行下一步，逐步脱敏。

我和男孩及其家长沟通了上面的意思后，男孩变得更加有信心了，家长表示一定积极配合。

大约一周后，男孩在家长的陪同下再次来访。

家长介绍说："一周以来，我先请老师来家里辅导他，随后请同学来家里和他一起学习。孩子感觉有信心了。所以，其余的步骤没走，周一他就直接去上学了。"

关于去学校后的情况，男孩说："一想到要去学校，我心里又有了那种难受的感觉，又担心大家看我的眼光，担心自己不敢抬头，不敢看老师。但是，我在路上一直告诉自己，不管怎样，也要走向学校，也要坚持住……"

我由衷地赞叹："这种精神值得鼓励，结果呢？"

男孩也笑了："自己下定了决心，结果并没有想象中那样难，没多久就到了学校。到校后，那种焦虑、难受的感觉又回来了。但是，我还是坚持了下来，慢慢地上了一节课，又上了一节课，也回答了老师的问题，也敢看老师了。几天下来，虽然还时常有那种感觉，但是我已经好多了。"

我顺势问道："如果在家里想象中难受的感觉是 10 分，那么实际到了学校有多少分？”

男孩想了想说：“实际到了学校也就还剩5分。”

我继续问：“那么从学校回来是几分？”

男孩想了想说：“回来也就还有3分。”

我笑了：“那么，想想看，这给我们什么启示呢？”

男孩几乎不假思索地说：“有些事一旦做起来，并没有想象中那样难，那样可怕。在家里真是越想越怕，真的坚持到学校了，其实并没有那么可怕。”

是的，人常常就是这样自己吓唬自己，常常被心里想象的敌人吓住。学校恐怖症就是这样。挡住男孩走向学校的敌人，就在男孩自己的心里，就是男孩心里想象出来的对学校的恐惧。一旦他拿出行动，克服自己的恐惧，就没有什么能挡住男孩走向学校的脚步。其实，任何障碍都是自己的心障。一旦冲破心障，谁也挡不住我们人生的脚步。

沟通至此，男孩的笑容里更多了一些自信：“我知道了，我不能再自己吓唬自己了，我一定要彻底冲破自己的心障，我一定会勇敢地面对学校生活。”

男孩的父母也笑了：“总算看到孩子的笑容了，我们心里好受多了。”

我知道，男孩还会有反复，还要付出很多努力。最后，我建议，在孩子自救的过程中，家长要坚持做到不打骂，不干涉，多放手，多锻炼，这样才能激发孩子内在的力量，才能让他学会勇敢地面对学校生活。

8.2

为什么孩子在厕所里被同学取笑后就不敢上学了？
—— 引导孩子正确认识自己的身体

/ 心理困扰 /

周六晚上，一位家长朋友拨通了心理咨询专线，向我倾吐满腹的困惑和愁苦：“我们的孩子不知道出了什么毛病，中学马上要毕业了，却不想上学了。这个孩子一直胆小内向。最近他告诉我，他做什么事都害怕，一见陌生人就心慌，甚至紧张得直哆嗦。上体育课时，他心里一紧张就肌肉僵硬，从没拿过好成绩。我问他怕什么，他说他也不知道是怎么回事，就是心里总是想些怕人的事。昨天他又告诉我说，他不想上学了，因为怕去学校。这可真把我愁坏了！您说，孩子这是怎么了？”

既然家长也不清楚原因，我最好还是与孩子直接沟通。第二天，一个高大的男孩坐在了我的面前。这个小伙子长得挺帅，脸上挂着羞涩的微笑，目光有些躲闪，表情很不自然。我与他闲谈了一会儿，等他感到比较自然、轻松了，我们才进入正题。他的讲述与家长在电话里谈过的内容基本一致，他反复强调一个“怕”字。根据我的经验，他的害怕情绪是由某个事物泛化而来的，偶尔的口吃更是表面现象，都不是病症的根源所在，背后一定有让他真正感到害怕的事情。不找到真正的病症根源，咨询会话是没有意义的。

那么，男孩到底怕的是什么？

/ 心理解析 /

进一步沟通后，男孩坐直了身子，抬起了头，一副要豁出去的样子：“马老师，我全说了吧！您看我人高马大的，可实际上我非常羞怯、懦弱，我长期生活在紧张、恐惧之中。我有心理障碍已经好几年了。还是上小学四年级的时候，那时我 12 岁，有一天，我课间和同学们在厕所里一起小便。忽然，一个同学像发现什么秘密似的大声取笑我：‘你们快看，他的小鸡鸡怎么这么大！’一句话让大家哄堂大笑，我满脸通红，羞愧难当，没解完小便就赶紧系好裤子跑出了厕所。第二天，我就趁着没人的时候去小便。没想到刚要小便时，后面就有同学说笑着进来了。我赶紧系好裤子逃出了厕所。

“从那以后，我一直为这件事感到羞愧、痛苦，怕别人在我小便时出现。我在上学时不敢去厕所，总是等放学回家后再小便。后来，我发现只要有人在一旁，我就排不出小便。再后来，就是身边没人，在学校的公厕里我也难以小便。平时，我一旦有了尿意，就心跳加快，浑身发热，老是被尿意憋得非常难受。就这样，这么多年，我一直备受煎熬，没有一天开心过，有时甚至想过自杀……”

男孩的眼眶中溢满了泪水，他又低下了头，说不下去了。

现在问题清楚了，他所有的恐惧，都是公厕恐怖症引起的。生活中偶尔的排尿困难是正常的，谁都可能遇到。但如果总是如此，甚至只要旁边有人就排不出尿，以至于怕去公厕，就是一种病态的心理障碍了。

恐怖症的病因有先天因素，如调查发现，恐怖症患者的家庭成员中患恐怖症的比例较高；有后天因素，如父母患恐怖症，孩子由于模仿也较容易出现恐怖症；有人格因素，如恐怖症患者大多具有胆小、多疑、自卑、害羞、内向、依赖等人格特征；也有精神因素，如某些精神创伤会诱发本病。公厕恐怖症的病因大致也是如此。

人格因素和精神因素是男孩患厕所恐怖症的重要因素。他的胆小、羞怯、内向等人格特征是内在原因，而同学们的取笑以及自己对生殖器大小的担忧，又对他构成了一种精神创伤。这种性格的男孩是羞于将这样的困惑向别人提及的。于是，在沉重的心理压力下他便出现了公厕恐怖症。也可以说，男孩的毛病是自己造成的，也是认知上的障碍造成的。

/ 心理对策 /

沉寂片刻，男孩抬起头来以一种求助的目光看着我。我微笑着讲了上面的意思。我知道，要想消除他的心理障碍，首先要通过认知疗法使他获得新的领悟，正确认识自己的问题。

男孩听我讲了上面的意思，长出了一口气，眼中仍有困惑："那……"

我知道他要问什么。就他关心的生殖器大小的问题，我自然而轻松地介绍了有关知识。对此我们做了较多的交流，我努力使他相信自己的阴茎是很正常的，从而消除了他心存已久的顾虑。心病消除了，他的问题也就解决了一半。

"这下，好像一块石头被搬走了，我心里轻松多了。"男孩紧锁的眉头开始舒展，脸上有了笑容，"您有什么办法让我可以在公厕里小便吗？"

要治疗男孩的公厕恐怖症，还可以采用系统脱敏疗法。针对男孩的具体情况，治疗可以分为两步。第一步，想象。比如，在家中的厕所里小便时，想象一个人在外面的公厕里小便的情景，想象在公厕里远距离和别人同时小便，想象在公厕里近距离与人同时小便，如此等等，具体次序以自己的实际恐惧程度由弱到强进行排列。每想象一个情境时，如果有紧张反应就自我放松。直到不再感到紧张了，再进行下一个情境。第二步，把在想象中进行的过程迁移到现实生活中来，也是一步一步地做下去，每一步都要坚持做到位。当然，这需要极大的信心、耐心和恒心，需要一个过程。

男孩听到这里，仿佛又看到了新的希望，跟我告别时脸上又有了青春的光彩。

不记得过了多久，男孩的父亲拨通了我的心理咨询专线，说孩子已经能正常上学了。直到此时，我才在电话里向家长大致介绍了孩子的上述情况。

放下电话后我思绪未平。的确，家长对孩子这样的心理障碍的矫治，似乎无能为力。但是，孩子性心理障碍的形成，家长是难辞其咎的。如果家长对孩子实施了科学的性教育，如果孩子能够和家长坦然交流有关性的问题，如果家长和孩子不再谈性色变，那么，这个男孩的性心理障碍就可以有效避免。

8.3

儿子总为乳房而困扰，休学治疗都不见效，该如何是好？

—— 引导孩子接纳自己，重建自信

/ 心理困扰 /

这一天，心理咨询专线里传来一位父亲急切的声音。这位父亲说，他的儿子总为乳房问题而困扰。家长带孩子跑医院，看医生。孩子吃了不少药，已经大半年没去上学了。至今问题还是没有得到解决，现在不知该如何是好，请求我帮帮他们的孩子。

一般说来，大凡接受药物治疗的患者，往往不是心理咨询的理想对象，何况孩子已经大半年没去上学了，心理咨询很难达到良好的效果。但是，考虑到家长十分诚恳，特别是考虑到孩子有强烈的求助动机，我还是安排时间接待了他们一家人。

说到乳房的困扰，似乎应该是女孩子的事，一个男孩子怎么会为乳房而困扰？新鲜，奇怪！现在，我们面对的就是这样一件新奇的事。

在我的想象中，男孩应该是一副病恹恹的样子。但是，当一家三口如约来到心理健康中心时，眼前的男孩却与我想象中的样子反差很大。他们落座后，我得知男孩叫玉刚，长得高高大大，帅气又文静。这样一个男孩究竟遇到了什么问题，以至于需要休学半年多就医吃药？

经过交流我了解到，玉刚学习成绩很不错。他对自己要求很高，高二的时候在班上考了第三名，在年级里考了前 20 名。但玉刚总觉得自己的乳房不丰满，乳头不突出，他为此十分烦恼。医生诊断他的乳房发育没有任何异常。可是，玉刚却反反复复、没完没了地想这件事，上课的时候也会想这件事。去年新学期刚刚开学不久，玉刚便开始烦恼这件事。由于已经上高三了，玉刚特别想把学习搞好，就强烈地想摆脱这种想法，拼命控制，可越控制症状越严重。家人看玉刚当时总是焦虑、烦躁，状态非常不好，就让他休息了几天。

这一休息玉刚的状态更差了，于是父母帮他办了休学，并开始带着他四处求医。所有的医生都说玉刚的乳房发育没问题。最后，他们找到了心理医生，心理医生诊断他为强迫症，对他进行了药物治疗。转眼半年过去了，玉刚的问题依然没有得到解决，他依然休学在家，而且情绪越发不好，经常烦躁不安，经常发脾气。

玉刚这样描述自己的问题和症状："我非常想摆脱，不想这样想，我总是对自己说，别想了，别想了。可越是这样，念头越是强烈，于是我就非常烦躁不安，没法上课了。我就是在这样的情况下才休学的。休学之后，一个人在家里更加烦躁不安。我感觉吃药没什么用，希望接受心理治疗。"

跟父母单独会话的时候，玉刚的父母介绍了一个情况。孩子最早是从上初二的时候开始嫌自己的乳房不好看，怕过夏天。在高三的时候，这个问题更加严重。当时，他的女朋友刚刚提出了分手。

/ 心理解析 /

综合咨询会话的情况来看，玉刚的问题主要是体形嫌恶症的表现。

体形嫌恶症简称嫌形症，主要表现为当事人很关注自己的身体外表，心理上很嫌恶自己躯体的某些部分。尽管医生认为并不需要矫正，他自己却总是想办法纠正自己觉得丑陋或不好的躯体部位。我在心理咨询中发现，体形嫌恶症多发生在青春期的男孩女孩身上。因为这个年龄段的男孩女孩，对自我形象及自我意识，正处于最敏感的时期。

最常见的嫌恶部位往往是哪些呢？一般来说，男士往往嫌自己的鼻子不够高或不够端正，自己的性器官不够大，自己的个子不够高，等等；而女士往往觉得自己的嘴巴不好看，不是双眼皮，脸上有斑点，牙齿长得不整齐，乳房不够大，身材不苗条，等等。他们通常认为自己躯体上的缺点，阻碍了自己与他人的正常交往。

体形嫌恶症的心理根源，往往与当事人在性心理发展过程中受过挫折密切相关。心理咨询的实践与研究表明，患有体形嫌恶症的人往往曾在性心理发展过程中遭受过挫折，从而影响了他们的自信，特别是影响了他们对自己心理性别的认同。

如果从心理分析的角度进一步探究，体形嫌恶症往往具有性的象征意义。比如，为什么嫌恶的部位往往是鼻子、嘴巴、胸部？就是因为这些部位具有较为明显的性象征意义。而对乳房、阴茎的担心，更是直接地反映了性心理方面的问题。

需要说明的是，胸部和乳房，不仅对女性具有性象征意义，对男性同样有性象征意义。玉刚的问题正是这样，他认为自己的乳房不够丰满，从而缺乏自信心。

总之，体形嫌恶症的心理根源是当事人对自己缺乏自信，特别是对自己的性别魅力缺乏自信。对处在青春期的男孩女孩来说，缺乏自信，就更在意自己的体形和外貌，经常对自己某个部位嫌恶和不满。玉刚的问题就是对自己缺乏自信，特别是对自己的性别魅力缺乏自信。那个女孩提出分手强化了他的不自信，导致恶性循环，使他更加嫌恶自己。

本来，玉刚的问题并不是十分严重，也没有多可怕，只是长期休学在家，扮演病人的角色，强化了他消极的情绪反应。这个年龄的人长期待在家里，怎会不焦躁不安？

/ 心理对策 /

彻底解决玉刚的问题需要一个过程。首先需要做好两件事。一是帮助玉刚掌握摆脱强迫意念的策略。对付强迫意念最好的办法就是顺其自然。所谓顺其自然，就是不与强迫意念对抗，这样强迫意念才会逐渐消退，心态才能逐渐平和，焦虑情绪也才会化解。二是采取切实措施帮助玉刚尽快回归校园。在玉刚掌握了摆脱强迫意念的方法之后，我和他们一家共同商定，要终止玉刚的病人生活，尽快停药，使他尽早回归校园。生活环境的积极改变，会让玉刚的心理发生积极的变化。

一周后，一家人第二次来访。我经过沟通了解到，玉刚希望转学到别的学校重读高二，全家人都同意了。第二天，玉刚就停了药，返回了校园。几天下来，情况一切正常。玉刚初步重新适应了校园生活，比预期的还要好。有些孩子盲目休学在家，待的时间一长，结果反而不能重新适应学校生活，甚至有的无法再走出家门。相比而言，玉刚的变化是可喜的，是值得庆幸的。关于强迫意念，玉刚说，上次谈话让他理解了，每个人的心里都会有些杂念，过分注意这些杂念就会使它成为困扰人的问题。只要做到顺其自然，那些念头真的就消失了。

总体来看，第一次咨询会话取得了预期效果，特别是玉刚的心态有了可喜的积极变化。用他自己的话说，他感觉到了一种内在的变化。

与玉刚单独会话的时候，我特意让玉刚随便谈，想谈什么就谈什么。

玉刚问我：“请您告诉我怎样培养自信？”玉刚提出的问题从表面

来看与体形嫌恶症似乎毫不相干，但是在我看来却是切中要害的。常有这种情况，来访者虽然不清楚问题的来龙去脉，但是，那种朦胧的感觉往往能指向真正的问题。体形嫌恶症的根源就在于当事人缺乏自信，缺乏对自己性别角色魅力的自信。

因此，对体形嫌恶症的心理调节，关键就是当事人要重建自信。要真正重建自信，就必须发自内心地喜欢自己，接纳自己。具体的心理调节策略包括两个方面：一个是认知调节，也就是换一个视角看问题，看自己，看生活，走出认知误区，重新认识自我，学会接纳自我；另一个是行为调节，也就是努力从封闭的自我中走出来，增加人际交往（包括与异性的交往），在别人对自己的接纳中，强化自我接纳。一个人只有真正接纳自己，才会有自信，才不会再嫌恶自己，才能摆脱体形嫌恶症的困扰。

因此，不再扮演病人，走出家门，开始正常的校园生活，对玉刚重建自信，都是非常重要的。

经过几个月的心理咨询，经过玉刚和全家人的共同努力，玉刚终于完全摆脱了病人的角色，重新适应了学校的生活。暑假里，他们一家人特意来给我报喜：玉刚成功考入了一所重点大学。

8.4

为什么越打骂，孩子越不好好学习？

—— 要尊重、理解和鼓励孩子

/ 心理困扰 /

心理咨询室里，一位母亲这样讲述自己的家教故事："我的儿子今年 13 岁，上初中一年级。以前他是一个活泼、可爱的男孩，考试总能得 90 多分。可是，现在孩子却变了，不好好学习，不好好听课，不好好写作业，整天没精打采、懒洋洋的。最严重的时候，他为了欺骗老师和家长，作业只写个开头和结尾，中间就空着。他在家里更是不肯好好写作业，不肯好好学习。成绩也越来越差了，几乎是直线下降，最近他还提出不想上学了。

"我和孩子的爸爸都没能上大学。我高考的时候差一分没考上，当时心里别提多难受了。我们有了自己的孩子以后，特别重视孩子的教育，心想一定要让孩子考一所好大学，圆了我们当年的大学梦。我们总是恨不得孩子在全班、全校、全县、全市，都能考第一。所以，从孩子上幼儿园起，我们就特别关注孩子的学习。孩子想上公园玩，我就对孩子说，可以去玩，但回来要写日记。后来孩子说：'我再也不想出去玩了。'为了激励孩子好好学习，我们常常买东西奖励他。每次买来奖品之后，我都会对孩子说：'你要好好学习，要对得起这个奖品哪。'后来孩子说：'下回您别给我买奖品了。'总之，孩子就是不想好好学习，孩子这是怎么了？

"更可气的是，孩子还学会了撒谎，总是欺骗老师，欺骗家长。有一次，考完试回来他告诉我们说考了 90 多分，我见到老师才知道是 50 多分。老师让他请家长，他就欺骗老师说：‘我妈妈忙，没空。’我想去学校找老师，他就欺骗我说：‘我们老师忙，没空。’他就这样两头撒谎……”

听到这里，我接过话头说出了我的判断：“孩子撒谎都和学习有关，是吗？”

“是呀，平时孩子挺诚实的。”男孩的妈妈表示肯定，转而又问，“您怎么知道？”

我笑了：“我还知道，父母还为学习的事打骂过孩子。对吗？”

这位母亲说：“还真让您说对了。因为他不好好学习，他爸爸有时候真打他，狠狠地打。我也总是教训、数落他。可是越这样，他越不好好学习了。对了，孩子三年级的时候得了儿童抽动症，现在病基本治好了，可是，他却不好好学习了，这是不是抽动症的后遗症啊？”

虽然我已经有了初步的判断，但还需要倾听男孩的心声。我们刚刚坐下来，我就感觉男孩好像有很多话要说。果然，男孩的倾诉欲望非常强烈，几乎不用我引导，一肚子话就倾泻出来：“我不是不想好好学习，可是，他们总是让我很烦。妈妈总是没完没了地唠叨，要好好学习，要上好大学，不能再像他们这样，等等。她每天不让我玩，不让我看电视，作业一写不好她就打我骂我。”

“在这种时候，你心里闪过什么想法吗？可以举个例子吗？”我问。

男孩陷入痛苦的回忆：“有一次，我写作业时自己发现有一道数学题思路错了。我正要拿橡皮擦掉重写的时候，妈妈看到了，她就开始没完没了地唠叨：‘你就是马虎，就是粗心，就是不认真，就是不好好学习……’我心想：‘我还就这样了，就不好好学习了，气死你，气死你！’有一次，我的字写得有点乱，爸爸看到了，抢过我的作业本就撕，还狠狠地打我……我心想：‘你等着，等你老了，我不养你！要不，我就离家出走，离开这个家！’还有一次，又是因为学习妈妈不停地唠叨，我顶撞了几句，妈妈就指着鼻子骂我：‘你算完了！你这辈子算完了！你死了算了！你咋不死了呢！’我心想：‘我才不死呢，活着就为气你，气死你！’我还小声狠狠地骂她。我知道，我不该骂妈妈，不该不尊重父母，可是，他们太伤我的自尊了，我就破罐子破摔，故意对着干，故意气他们，越来越不好好学习。还有，我因为吃了那些药，上课总是犯困。老师为此总是找家长，跟家长告状。但家长越打我骂我，我就越不好好学习，最近我都不想上学了……

“我也知道父母是为我好，我心里并不恨他们。我自己也想改变，想好好学习，想做个好孩子。上初中之后情况好一些了，一是我长大了，还有就是妈妈也改变了一些，爸爸也不再打我了，老师也开始鼓励我。我想做得更好。请您帮帮我！”

听，男孩即使受了委屈，仍能理解父母，还想做个好孩子。这让我们不能不确信，每个孩子都想做好孩子！如果父母能够对孩子多一分理解，就能更好地帮助孩子成长。

想到这里，我说：“你的这些想法，可以和爸爸妈妈说说吗？”

男孩好像受了惊吓一样，身子突然打了个激灵，然后使劲摇头：“不，那样他们更要打我骂我了，他们不让我说话……”

/ 心理解析 /

男孩厌学与抽动症有着怎样的关系？男孩问题的根源是什么？

我们先从儿童抽动症说起。儿童抽动症的主要表现为不自主地做出一些动作，影响部位及持续时间因人而异，最常见的是一群肌肉或数群肌肉突然、短暂、重复、刻板的小抽动，表现为眨眼、挤眉、做怪相、耸肩、转颈、点头、转动躯体、甩动手臂等运动性抽动，也会表现为类似咳嗽、清嗓等发声性抽动。一般情绪紧张时症状加剧，精神集中时症状减轻，睡眠时消失。

说起儿童抽动症的病因，一般认为可能与下列因素有关：一是遗传因素，如患病儿童家族成员中往往有抽动症患者；二是躯体因素，如结膜炎或倒睫刺激会引起眨眼动作，上呼吸道感染会引起吸鼻、面肌抽动等动作；三是药源性因素，如某些药物可能产生抽动的副作用；四是心理因素，这是最主要的因素，如家长要求过高，责备过多，学习负担过重，家庭不和等，这些因素都会让孩子的内心产生冲突。抽动行为就是内心冲突的外在表现。总之，儿童抽动症可以说是“心病”，千万不能忽略心理因素这个病因。

很明显，上面这个男孩的抽动症，就是心理因素造成的。

男孩的父母特别是母亲，把自己当年的大学梦，早早地压在了孩子身上。她对孩子期望过高，方法过激，操之过急，让孩子把学习看成了沉重的负担，影响了孩子的学习兴趣。再加上，三年级正是孩子身心发展的一个特殊阶段，对孩子提出了许多新要求，孩子十分不适应。这一切，造成了男孩心理上的严重冲突，进而引发抽动症。

至此，造成男孩的心理问题的根源找到了。与其说男孩不好好学习是抽动症的后遗症，不如说是父母的大学梦留下的后遗症，父母对孩子过高的期望和过激的教育方法的后遗症。

/ 心理对策 /

现在，男孩的抽动症已经得到缓解，学习态度已经有所改进，应该说这主要不是药物的作用，而是父母调整了对孩子的教育方法的结果。如果男孩的父母能够倾听孩子的心声，亲子关系会得到进一步调整，男孩的学习态度也会进一步好转。

因此，我和男孩约定，以后要在父母心平气和的时候，和父母说一说心里话。然后我告诉男孩：“你的抽动症已经好了，你已经是一个正常的孩子了，相信你会越来越好的。”男孩受到了鼓舞，谈了很多对未来的想法。为了帮助男孩进行自我调整，我与男孩商定了一个初步目标：作业可以少写但保证不乱写。我鼓励他由此起步，学会自我管理。男孩表示他一定可以做到。

我与男孩的父母沟通了上面的意思后，男孩的妈妈流泪了：“我已经认识到自己的问题，已经做了一些改变。没想到我一心想让孩子给自己圆梦，竟给孩子带来这么大的伤害！”

男孩的妈妈到底是个有素养的人，领悟能力很好。很快，我们达成了以下共识。第一，尊重孩子。父母是孩子最亲近的人，最信赖的人，如果连父母都抱怨孩子，瞧不起孩子，孩子除了消极对抗，除了破罐子破摔，还能怎么样？第二，理解孩子。孩子的压力已经很大了，家长不能不顾孩子的感受一味地抱怨孩子。第三，鼓励孩子。聪明的父母会主动发现孩子身上的闪光点，而不是总挑孩子的毛病。

随后，我们又做了以下约定。第一,一定要听听孩子的心里话，孩子说心里话一定不能打骂，要有耐心。第二，对孩子不要期望过高，这样才能看到孩子的进步，才能给孩子鼓励，才能让孩子看到希望。第三，不再过多干涉孩子的学习，让孩子自己管理自己的学习。第四，争取老师的合作和支持。最后，男孩的妈妈问我，孩子如果有时候还抽动该怎么办。我建议最好的办法是不去关注，我相信只要家长做好以上调整，孩子的学习态度就会转变，抽动症的症状就会逐渐消失。

大约一个月后，男孩的妈妈在电话里告诉我，随着父母心态的调整和亲子关系的改善，孩子的学习态度有了明显的变化，不再说不想上学了。

这个案例告诉我们，孩子如果患上儿童抽动症，除特殊情况外一般不需要药物治疗，最重要的是从心理上做好防治工作。

首先，在孩子出现症状之前，要做好预防工作。家长要调整对孩子的期望，不要对孩子要求过高，不要让孩子压力过重，更不能简单粗暴地对待孩子的学习。要理解孩子的心理，当孩子学习遇到困难的时候，要有针对性地给孩子提供有效的帮助。

其次，在孩子出现症状之后，家长要帮助孩子调整心态，最重要的是淡化孩子对症状的关注。父母不要过于焦虑、紧张。儿童抽动症有一个特点，就是越关注抽动得越厉害。因此，父母不要总是提醒和纠正孩子的抽动行为，更不应该责备孩子，因为这样做会使孩子的大脑皮层更兴奋，使抽动更加频繁。对孩子的抽动表现，家长最好采取不理睬的态度，减少对症状的关注。同时，努力分散孩子的注意力，引导孩子参加各种有意义的活动，使症状逐步减弱甚至消退。

最后，在调整过程中，家长要做好心理支持。父母要和孩子一起探索如何进行自我调整。孩子还可能会遭遇不了解真相者的责备，父母要倾听孩子的心声，和孩子一起寻找适当的应对方式。最重要的是，父母应该相信孩子的症状是会减轻的，并把这份信心传递给孩子。

8.5

孩子为什么一觉醒来，忘记了所有跟学习有关的事?

—— 引导孩子学会直面困境和压力

/ 心理困扰 /

方华是个 13 岁的初一男孩，长得高高大大的。可是，那天他忽然得了一种奇怪的病，把全家人都吓坏了。

那是方华刚到中学后不久的一天早晨，父母说该准备上学了，方华却愣愣地问:“上学? 上学干什么?”父母以为他在说梦话:“这孩子，没睡醒吗? 怎么净说梦话，快起来吧，整理好书包，要不上学就晚了。”方华还是愣愣地问:“什么书包? 我哪里有书包? 书包是什么?”

这时，父母才发现孩子已经醒过来了，但好像脑子出问题了，说什么都不知道了，什么都想不起来了。不过，随后父母就发现，方华忘记的都是学习上的事：忘记了自己是中学生，忘记了自己的学校，忘记了同学，忘记了老师，等等。

这下可把父母给吓坏了。父母赶紧把方华送到了医院，看了脑内科，又看了神经科，都没有检查出大脑有什么问题。这让方华的父母心里更没底了，孩子到底是怎么了?

经过进一步的沟通，我了解到了事情的来龙去脉。

方华没有上过幼儿园，他从小是奶奶带大的，奶奶十分疼爱这个家族中唯一的孙子。父母对他也是百般呵护，方华都上初中了父母还把他当小孩子一样照顾。

从方华上学的那天起，全家人就对方华抱有很高的期望，“好好念书，上个好大学”几乎成了父母的口头禅。可是，父母的期望越高，方华越是出问题。他开始隔三岔五地生病。方华上三年级的时候，就因为经常生病开始不上学了。六年级的时候，方华的症状更严重了。特别是每到考试之前他总要生病，不是头疼，就是胸闷，再不就是肠胃不好，后来干脆是浑身难受。每次生病，医生都没检查出什么问题。更让人莫名其妙的是，他只要一回家就没事了。就因为方华总是生病，父母已经不敢再说“考个好大学”了，但是心里还是惦记着。

转眼，方华上中学了。第一次月考之后，老师找家长谈话，说方华有进步，希望家长配合督促孩子，让孩子争取考个好高中。父母听了非常高兴，回家后急不可耐地就和方华谈，铆足了劲给方华加油。方华也表示一定要好好学习，到期中考试时一定要拿个好名次。

偏偏在这个时候，学校里出现了猪流感，学校每天要监测学生的体温。方华因为体温总是偏高，一个月没能进校门。后来，虽然传染病流行期过去了，学校不再检测体温了，可是，方华却再次因为经常生病而不能去上学了。他一直在家里学习，由父母帮他辅导，或请老师来家里辅导。

可是，就要期中考试了，总不上学怎么行？这一天晚饭后，全家人一起给方华施压，中心思想就一个，不能不上学了。方华感到再也找不到退路了，终于表示第二天去上学，说完就到自己的房间去整理书包和学习用具。可是，方华刚开始整理书包就晕倒了。爸爸妈妈赶紧把方华搀扶起来送去医院，大夫看了看说没什么事儿。家人把他带回家先让他睡下来。让人万万没想到的是，第二天早晨，方华起床后就出现了开头那吓人的一幕。

/ 心理解析 /

至此可以诊断，方华得了心因性失忆症。

心因性失忆症是一种选择性的反常遗忘现象，是由于心理压力或精神创伤而产生的选择性失忆。具体说来，心因性失忆症的特征主要有三点。第一，原因是心理性的。患者虽丧失了对过去经验的记忆，但并无生理上的症状，失忆现象是由心理原因引起的。第二，内容是选择性的。与因车祸而丧失记忆不同，心因性失忆往往是有选择性的遗忘，比如，只忘记了某一方面的事情，或只忘记了某一时段的事情。第三，发展是阶段性的。心因性失忆都是阶段性的，持续的时间从一两天到几个月，过了这个阶段通常都能自然恢复正常。

方华的症状是典型的心因性失忆症。首先，选择性是显而易见的，他只遗忘了学习方面的事情。其次，阶段性也是显而易见的，来访的时候，方华已经有所好转了。最后，心理性的诱因更是显而易见的。方华心因性失忆的直接结果就是躲过了入学后的第一次期中考试，而且每天都可以不上学、不写作业。一句话，不用面对学习的压力了。

人在无法承受某些打击或压力的时候，就会采取一些保护措施，来进行自我心理防卫。心因性失忆症，本质上就是一种自我心理防卫机制，既是一种自我逃避，也是一种自我保护。可以说，心因性失忆，与其说是想不起来，不如说是不愿想起来。

具体说来，心因性失忆症的心理原因大致有三个方面。一是生活压力较大。这个压力可能是持续性的，比如学业或事业上的压力；也可能是突发性的，比如家庭突发重大变故。二是当事人具有某些人格障碍。有某些人格障碍的人容易出现心因性失忆，比如具有表演型人格、退行型人格、回避型人格的人更容易患心因性失忆症。三是心理素质较差。这样的人心理脆弱，自我防御体系的阈值较低，难以承受心理压力和精神打击，遇到困境时就容易得心因性失忆症。

就方华的情况来说，他从上小学起就开始经常生病，这就属于躯体化现象。所谓躯体化现象，就是人在遇到难以面对的生活困境时，在潜意识里会把心理压力转换成某种躯体症状。躯体化现象实际上就是一种心因性反应，是心病跑到了身体上。

三年级是一个特殊的转折期，六年级又面临着毕业和升学，都是学生心理压力相对较大的时期。因此，常常有学生在这个时候逃进病里来避难。这也是方华在三年级和六年级时，躯体化现象比较严重的原因。方华也确实通过生病而成功地避难了——逃避了上学和考试。

但是，上了初中后，方华却不能通过生病来成功地避难了——尽管他病休在家，全家人仍共同敦促要求他去上学。这让方华感到自己无路可走了。怎么办？只有一条路了，那就是变傻，就是什么都不知道了。于是，方华逃进了心因性失忆症里。因为失忆可以更好地逃避困境，更好地避难。这样说来，心因性失忆症就成了他最后的心灵避难所。平时人们说，“眼不见心不烦”，心因性失忆却是连“心”都“不见”了，心里什么都不知道了。于是，方华又一次成功避难，完全没有了烦恼，不用再去面对学习和考试的压力了。

面对压力时，我们都想寻找避难所，都难免想逃进病里。但是，一直逃到心因性失忆症里，确实是不多见的。方华为什么会这样呢？

从方华及家人的叙述中我们可以得知，病根在方华家庭教育的失误上。一方面是爱，爱护过头；一方面是压，压力过大。爱护过头导致的结果，是孩子形成退缩、回避等人格障碍。这些人格障碍在学习和生活中的表现就是见困难就怕、就躲、就逃。压力过大导致的结果，是让孩子无法面对学习及生活的困境。于是，越是怕越是感到困难，越是感到困难越是怕，就越是想逃。先逃到病里，逃到病里也不行了，只好逃到心因性失忆症里了。

/ 心理对策 /

我们已经知道，患心因性失忆症的人通常能够自己康复，一般不需要特别的医学治疗，或者说，医学治疗也没有什么好办法。心病还需心药医，想要尽快康复还是需要当事人和家人进行适当的心理调节。

一是减轻现实压力。如果现实压力有所减轻，当事人适应能力有所提高，生活环境有所转换，心因性失忆症往往可以有所缓解，甚至会完全康复。所以，要先了解当事人的心理压力所在，帮助当事人减压。其中，心理疏导、心理宣泄、转换环境、提高能力，都有心理减压的作用。一般来说，压力缓解，症状就会缓解。

二是增强心理素质。压力总是不可避免的，所以，更重要的是增强心理素质，学会直面生活，从容应对压力。在平时的生活中，要加强心理辅导，提高心理素质，重塑良好人格。在孩子出现症状后，家长更需要做好心理支持和心理疏导工作，孩子一旦可以直面现实问题了，失去的记忆也就可以恢复了。

三是利用事件重演找回记忆。所谓事件重演，就是重现当初给孩子造成精神创伤的情境，这样会激活相关的记忆内容。比如，一个偶发刺激恰好与当初的情境相关联，就可能激活相关记忆。必要的时候，可以求助专业人员进行引导，还可以采取催眠疗法来帮助其恢复记忆。

针对方华的情况，我们应该主要从前两个方面着手。

第一，帮助他减轻压力。为此，我和他做了较多的沟通，给予他足够的心理支持，帮助他缓解了压力。同时，家长与老师协商，暂时免除了他的作业，允许他暂时不参加考试。在这个过程中，方华的记忆逐渐恢复了正常。其间，父母还带他去专科医院接受了催眠治疗。

第二，帮助他学会直面生活。家庭教育要着力于重新塑造孩子的人格，促进孩子人格的成熟，这是解决问题的根本。只有人格成熟了，孩子才能学会正确面对学习压力，也就不用再逃到心因性失忆中避难了。这是一个长期的过程，方华的父母也表示要积极合作，不再给孩子过度的爱护和过大的压力。

不久，好消息终于传来，方华的记忆已经完全恢复，他开始了正常的学习生活。